LINGQIDIAN CHAOKUAIXUE DIANZI CELIANG

零起点超快学

电子测量

王成安　余威明　编著

化学工业出版社

·北京·

本书从零开始，循序渐进地介绍了电子测量技术的相关知识，主要内容包括：电子测量技术入门、电子元器件的参数测量、电流和电压测量、频率和时间测量、晶体管的特性参数测量、电路的频率特性测量、数据信号测量、智能化测量仪器与自动测量系统、虚拟测量技术应用等，使零起点的读者能够轻松入门，打下扎实的电子测量技术基础。

本书内容实用性强，图文并茂，通俗易懂，适合电子技术初学者、爱好者、初级从业人员学习使用，也可用作职业院校、培训学校等相关专业的教材和参考书。

图书在版编目（CIP）数据

零起点超快学电子测量/王成安，余威明编著 . —北京：
化学工业出版社，2018.10
ISBN 978-7-122-32659-1

Ⅰ.①零… Ⅱ.①王…②余… Ⅲ.①电子测量技术
Ⅳ.①TM93

中国版本图书馆 CIP 数据核字（2018）第 157557 号

责任编辑：耍利娜　　　　　　　　　文字编辑：吴开亮
责任校对：秦　姣　　　　　　　　　装帧设计：刘丽华

出版发行：化学工业出版社（北京市东城区青年湖南街 13 号　邮政编码 100011）
印　　刷：三河市航远印刷有限公司
装　　订：三河市瞰发装订厂
787mm×1092mm　1/16　印张 11　字数 252 千字　2019 年 1 月北京第 1 版第 1 次印刷

购书咨询：010-64518888　　　　　　　售后服务：010-64518899
网　　址：http://www.cip.com.cn
凡购买本书，如有缺损质量问题，本社销售中心负责调换。

定　　价：39.00 元

前言

电子技术飞速发展，影响人们的衣食住行。本书从最基本、最简单的测量概念讲起，从测量对象入手，指导初学者使用各种电子测量仪器来达到测量目的，帮助其逐步提高电子测量的技能。

尤为可贵的是，本书还介绍了一些新颖的电子测量技术，比如自动测量系统和虚拟测量仪器。有这本书中介绍的技术和仪器作为引导，你可以一步一步走向电子测量技术的高峰。

作为初学者，要从学习现代电子测量技术中的基本知识和基本技能入手，熟悉基本的测量方法、常用的测量仪器，懂得最新的电子测量技术，知道新流行的电子测量技术的软件，还要亲自对电子电路进行测量操作。

随着电子测量技术的提高，还要学习在电子测量技术中常用的传感器件（尤其是集成化的传感器模块），学会读懂电子测量所用的连线图，掌握最新的电子仪器和虚拟仪器，运用计算机进行各种电路的仿真，这样才能为掌握现代电子测量技术奠定坚实的基础。

通过实践你会发现，电子测量技术就在自己身边。学习电子测量技术，会激起你的极大兴趣，并给你带来无穷的欢乐。让我们共同遨游在电子测量技术的海洋里，为社会的发展和进步、为人类生活的更加美好做出贡献。

本书打破了以往以测量仪器为中心介绍测量技术的编写方法，从测量任务入手，以测量对象为中心，介绍相关的测量仪器及测量的操作方法，内容先进实用，具有指导性和可操作性。书中反映了电子测量技术的新成果和发展趋势，尤其是对近年来兴起的虚拟测量技术、智能化测量仪器与自动测量系统都做了通俗易懂的介绍，使读者了解电子测量技术的最新发展。

本书由广州城建职业学院王成安教授和浙江工贸职业技术学院余威明副教授编著。在编著本书的过程中，编者与浙江亚龙教育装备股份有限公司的技术人员进行了多次商讨，并亲自使用操作浙江亚龙教育装备股份有限公司生产的仪器设备，获得了许多数据。浙江工贸职业技术学院的孙平教授仔细审阅了书稿，提出了许多建设性意见，对编著本书给予了很大帮助。此外，王文革、杨德明、荆轲、毕秀梅、李亚平、王超、贾厚林、宋月丽、刘喜双、王春、王子凡等也为本书编写提供了大量帮助。

由于编著者水平有限，书中不当之处在所难免，望各位专家读者批评指正。

编著者

目录

第1章 电子测量技术入门 001

1.1 对象与方法——需要明确的问题 001

1.1.1 电子测量的对象 001

1.1.2 电子测量的方法 003

1.2 信号与测量——需要了解的仪器 004

1.2.1 测量前需要清楚的三个问题 004

1.2.2 常用的电子测量仪器 005

1.3 四舍六入——与众不同的数据处理方法 008

1.3.1 电子测量数据的误差 008

1.3.2 对电子测量数据误差的处理方法 010

第2章 电子元器件的参数测量 013

2.1 电阻器测量 013

2.1.1 使用万用表测量电阻器 013

2.1.2 使用万用电桥测量电阻器 016

2.1.3 使用直流电阻测试仪测量微小电阻值 019

2.2 电容器测量 021

2.2.1 使用万用表测量电容器 021

2.2.2 使用万用电桥测量电容器 023

2.2.3 使用高频 Q 表测量电容器 024

2.3 电感器测量 030

2.3.1 使用万用表测量电感器 030

2.3.2 使用电桥类仪器测量电感器 031

2.3.3 使用高频 Q 表测量电感器 033

第3章 电流和电压测量 035

3.1 电流测量 035

3.1.1 直流电流的测量 035

　　　3.1.2　交流电流的测量 ………………………………………………………… 037

　3.2　电压测量 …………………………………………………………………………… 039

　　　3.2.1　直流电压的测量 ………………………………………………………… 039

　　　3.2.2　交流电压的测量 ………………………………………………………… 040

　3.3　使用数字式电压表测量电压 ……………………………………………………… 045

　　　3.3.1　数字式电压表的主要性能 ……………………………………………… 045

　　　3.3.2　数字式电压表的组成 …………………………………………………… 046

　3.4　使用万用表测量电压 ……………………………………………………………… 048

　　　3.4.1　使用指针式万用表测量电压 …………………………………………… 048

　　　3.4.2　使用数字式万用表测量电压 …………………………………………… 050

　3.5　使用示波器测量电压 ……………………………………………………………… 053

　　　3.5.1　YB4320型双踪四迹示波器 ……………………………………………… 053

　　　3.5.2　使用YB4320型双踪四迹示波器测量电压 ……………………………… 053

第4章　频率和时间测量 ………………………………………………………………… 056

　4.1　初步认识频率和时间 ……………………………………………………………… 056

　　　4.1.1　频率和时间的含义 ……………………………………………………… 056

　　　4.1.2　测量频率方法 …………………………………………………………… 058

　4.2　频率测量 …………………………………………………………………………… 060

　　　4.2.1　用示波器测量频率 ……………………………………………………… 060

　　　4.2.2　用电子计数器测量频率 ………………………………………………… 061

　　　4.2.3　用数字频率计测量频率 ………………………………………………… 063

　4.3　相位差测量 ………………………………………………………………………… 066

　　　4.3.1　用示波器测量相位差 …………………………………………………… 066

　　　4.3.2　用电子计数器测量相位差 ……………………………………………… 068

第5章　晶体管的特性参数测量 ………………………………………………………… 070

　5.1　测量晶体管特性参数的专用仪器 ………………………………………………… 070

　　　5.1.1　晶体管的特性参数 ……………………………………………………… 070

　　　5.1.2　晶体管特性图示仪 ……………………………………………………… 072

　5.2　使用晶体管特性图示仪测量晶体管 ……………………………………………… 074

　　　5.2.1　测量二极管的特性参数 ………………………………………………… 074

　　　5.2.2　测量三极管的特性参数 ………………………………………………… 074

　　　5.2.3　测量场效应管的特性参数 ……………………………………………… 075

　5.3　XJ4810型晶体管特性图示仪 ……………………………………………………… 076

5.3.1 XJ4810 型晶体管特性图示仪的结构和作用 ·················· 076

5.3.2 使用 XJ4810 型晶体管特性图示仪测量晶体管 ·················· 078

第 6 章 电路的频率特性测量 ·················· 081

6.1 信号频谱与频谱测量 ·················· 082

6.1.1 信号频谱 ·················· 082

6.1.2 测量频率特性的方法 ·················· 083

6.2 测量频率特性的专用仪器 ·················· 085

6.2.1 频率特性测试仪的组成和作用 ·················· 085

6.2.2 BT-3 型频率特性测试仪 ·················· 086

6.3 频谱分析仪 ·················· 090

6.3.1 频谱分析仪的功能和种类 ·················· 090

6.3.2 频谱分析仪的主要技术指标和使用注意事项 ·················· 092

6.3.3 典型频谱分析仪的特点 ·················· 093

6.3.4 使用 BT-3 型频率特性测试仪测量频率特性 ·················· 095

第 7 章 数据信号测量 ·················· 097

7.1 数据域分析与测量 ·················· 097

7.1.1 数据域分析 ·················· 097

7.1.2 数据域的测量 ·················· 099

7.2 数据域测量的专用仪器 ·················· 101

7.2.1 使用宽带示波器测量数据域 ·················· 101

7.2.2 使用逻辑笔测量数据域 ·················· 102

7.2.3 使用逻辑夹测量数据域 ·················· 103

7.2.4 使用逻辑信号发生器测量数据域 ·················· 104

7.2.5 使用逻辑分析仪测量数据域 ·················· 105

第 8 章 智能化测量仪器与自动测量系统 ·················· 110

8.1 智能化测量仪器 ·················· 110

8.1.1 智能仪器的含义 ·················· 110

8.1.2 标准接口总线 ·················· 112

8.2 智能仪器的独特功能 ·················· 114

8.2.1 硬件故障的自检功能 ·················· 115

8.2.2 自动测量功能 ·················· 115

8.3 智能仪器的典型产品 ·················· 117

8. 3. 1　智能化数字电压表 ·· 117

8. 3. 2　智能化数字存储示波器 ·· 125

8. 4　自动测量系统 ·· 128

8. 4. 1　自动测量系统的发展 ·· 128

8. 4. 2　个人仪器 ·· 130

第 9 章　虚拟测量技术应用 ·· 133

9. 1　虚拟测量技术 ·· 133

9. 1. 1　虚拟仪器测量系统 ·· 133

9. 1. 2　虚拟仪器软件——LabVIEW ······································ 135

9. 1. 3　电路仿真软件——Multisim ······································ 137

9. 2　初识 Multisim 10. 0 仿真软件 ·· 138

9. 2. 1　Multisim 10. 0 仿真软件的特点 ································ 138

9. 2. 2　虚拟仪器的核心内容 ·· 139

9. 2. 3　Multisim10. 0 软件的基本栏 ·································· 141

9. 2. 4　Multisim10. 0 软件各个栏目的详细解读 ················ 142

9. 3　使用 Multisim 软件进行电路仿真 ·································· 150

9. 3. 1　分压式共射极放大电路的仿真 ································ 150

9. 3. 2　多谐振荡器电路的仿真 ·· 155

9. 3. 3　二极管闪烁电路的仿真 ·· 156

9. 3. 4　采样保持器电路的仿真 ·· 158

9. 4　逻辑转换仪 ·· 159

9. 4. 1　逻辑转换仪的含义 ·· 159

9. 4. 2　逻辑转换仪的功能 ·· 160

参考文献 ·· 166

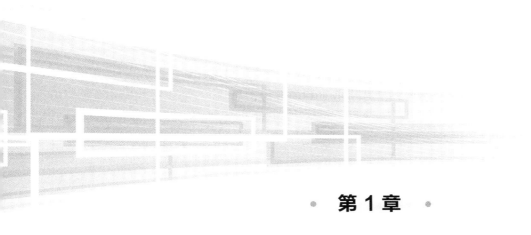

第 1 章

电子测量技术入门

在日常生活中，人们离不开测量技术，比如人的身高和体重都需要经过测量才能准确地知道；人们在菜市场买菜也要用到测量，需要商贩用电子秤称量蔬菜的重量，才会付款；医生有时需要给病人测量体温、测量血压甚至做 CT 扫描，才能及时了解病人的身体状况，对病情作出相应的判断。

电子测量技术是使用电子仪器对各种物理量进行的测量。我国的电力系统采用三相四线制供电，一般家中所用的交流电的电压是 220V，工厂的大型用电设备需要使用 380V 的交流电。可以用万用表对电压进行测量，也可以用其他仪器进行测量。

实践发现，使用不同的测量仪器，测量出的交流电压数值是不一样的，甚至使用同一种仪器对交流电压进行多次测量，每次测量的结果也会不一样。到底哪个结果是准确的呢？这是测量人员在实际测量中常会遇到的难题。

电子测量过程中出现的各种问题该如何处理呢？请你打开这本书往下看，答案就在下面。

▶ 1.1 对象与方法——需要明确的问题

测量是人们对客观事物取得数值的认识过程，在这个过程中需要借助于专门的设备，通过实际操作，使人们获得对客观事物的真正认识。

1.1.1 电子测量的对象

1. 电子测量的含义

凡是使用电子仪器仪表进行的测量都是电子测量，电子测量的结果是各种电量或者是各种元器件的参数。

测量的结果是由两部分组成的，一个是数值，一个是单位，具有数值和单位的测量结果才有明确的意义。比如人们家庭使用的单相交流电的电压是 220V，其中 220 是数值，V 是单位；再比如测量某电阻的阻值为 $10k\Omega$，10 是数值，$k\Omega$ 是单位；再如测量某三极管的集电极电流为 5mA，5 是数值，mA 是单位。这些数值都有明确的意义。

2. 电子测量的对象

（1）对电量进行测量

对电量进行的测量包括对交流电压、直流电压、交流电流、直流电流、电功率和用电量等的测量。

（2）对电信号参数进行测量

对电信号参数进行的测量包括对信号的频率、周期、相位差和失真度等参数的测量。

（3）对电子元器件参数的测量

对电子元器件参数进行的测量包括对阻值、电感量、电容量、品质因数、三极管交流电流放大系数等的测量。

（4）对电子设备性能的测量

对电子设备性能的测量包括对放大器电路的放大倍数、灵敏度、选择性、噪声系数等技术指标的测量。

（5）对电路特性曲线和元器件特性曲线的测量

这个测量包括对整机电路的频率特性曲线、各种元器件的伏安特性曲线等的测量。

（6）对非电量的测量

电子测量的测量范围并不仅限于对各种电量的测量，还能对各种非电量进行测量，这种测量需要借助于各种传感器。传感器将各种非电量如压力、流量、温度、速度等转换成电信号，然后送到电子仪器中，从而实现对非电量的测量。在上述各种测量中，测量频率、时间、电压和阻抗是测量其他参数的基础。

随着电子技术的飞速发展，电子测量技术被广泛用于农业、工业、医疗、天文、地质、军事等领域。尤其是在一些人类不能直接接触或者人类根本不能到达的场合，电子测量发挥了独特的作用，比如利用电子测量对核反应堆内的温度进行测量和监测、对人体内部器官进行扫描显像、对宇宙飞船发射过程和运行过程中的各种参数进行实时监控和测量等。

3. 电子测量的特点

（1）测量信号频率的范围宽

电子测量对信号频率的测量范围低至 $10^{-6}Hz$，高至 $10^{12}Hz$，跨度达到 18 个数量级，这是其他测量技术远远达不到的。近几年来，随着计算机软件技术的发展，电子测量的信号频率范围不断向更高频段发展。

需要注意的是，在不同的频率范围内，即使要测量同一个物理量，也需要使用不同的测量仪器。例如对电流和电压的测量，如果被测量是直流，就需要采用直流测量仪器；如果被测量是交流，就需要采用交流测量仪器。再例如被测信号的频率不同，在测量低频信号和测量高频信号时，就需要使用不同类型的频率计。

（2）电子测量仪器的量程宽

量程是测量范围的上限值与下限值之差。由于许多被测量的数值相差很大，其他测量技术很难达到要求，而电子测量仪器有足够宽的量程，完全可以满足测量的需要。比如现在已经普及的数字式万用表，能测出从 $10^{-5}\,\Omega$ 到 $10^8\,\Omega$ 间的电阻值，量程达 13 个数量级。再比如用于测量信号频率的电子计数器，其量程甚至高达 17 个数量级。

（3）电子测量的准确度高

电子测量的准确度比其他测量方法的准确度要高得多。例如对信号频率的测量，采用原子内部电子的旋转频率作为基准进行测量时，测量精度高达 $10^{-13}\sim10^{-14}$ 数量级。

（4）电子测量的速度快

电子测量是以电磁波传播的速度进行工作的，具有其他测量技术无法比拟的高速度，这也是电子测量技术广泛应用于现代科技各个领域的重要原因。例如在人造卫星、载人飞船等各种航天器发射时，需要快速测出航天器的运行参数，再通过对参数的处理进而决定下一步的控制，这只有使用电子测量系统才能完成这种任务。

（5）电子测量可以实现遥测

电子测量可以通过使用各种类型的传感器实现对目标的遥测。对于距离遥远或因环境恶劣而人体无法到达的区域（如人造卫星运行的空间、深海下、深地下、核反应堆内部等目标），可通过各种电子测量设备对各种参数进行遥测。

（6）电子测量可实现测量过程的自动化

由于大规模集成电路和微型计算机在电子测量设备上的应用，使电子测量技术有了跨越式发展。尤其是现在广泛使用的嵌入式技术，使电子测量设备增加了程控、遥控、自动转换量程、自动调节、自动校准、自诊断故障和自恢复等功能，可以实现对测量结果进行自动记录、自动运算、自动分析和自动处理。

近几年来又诞生了智能化电子测量仪器，使测量过程完全实现了自动化和精准化，极大地推动了电子测量技术的发展。

1.1.2　电子测量的方法

1. 电子测量的三种基本方法

（1）直接测量法

直接测量法是可以直接从电子测量仪器上读出测量结果的方法。直接测量法的特点是测出的数据就是被测量的数值。

例如用电压表测量电压、用电流表测量电流、用万用电桥测量电阻、用频率计测量信号频率等，都是采用直接测量法，可在测量仪器上直观且迅速地读出被测量的数值。

（2）间接测量法

间接测量法是先利用被测量与某中间量之间的函数关系（公式、曲线或表格等）测出中间量，再通过计算公式算出被测量数值的方法。

例如用伏安法测量电阻时，首先测量出电阻两端的电压和流过电阻的电流，然后由欧姆定律的公式：$R=U/I$，计算得出电阻值，这种测量方法就是间接测量法。

（3）组合测量法

如果被测量与几个中间量有关，首先在测量中通过改变测量条件分别测量出各中间量，然后通过被测量与各中间量的函数关系列出方程组并求解，最后才能得到被测量的结果，这种测量方法就是组合测量法。

例如，已知某种导体的电阻 R 与温度 t 的函数关系式为

$$R_t = R_{20}[1 + \alpha(t - 20) + \beta(t - 20)^2]$$

式中 R_{20}——该导体在温度为 20℃时的电阻值；

α 和 β——导体的温度系数。

为了测量该导体电阻的温度系数 α 和 β，可分别测出该导体在温度为 t_1、t_2 和 20℃时的电阻值 R_1、R_2 和 R_{20}，然后求解方程组：

$$R_1 = R_{20}[1 + \alpha(t_1 - 20) + \beta(t_1 - 20)^2]$$
$$R_2 = R_{20}[1 + \alpha(t_2 - 20) + \beta(t_2 - 20)^2]$$

最后就可以得到温度系数 α 和 β 的值。

2. 电子测量的四种类型

（1）时域测量

时域测量是指对以时间为函数的量（如随时间变化的电压、电流等）的测量。这些量的稳态值、有效值可用仪表直接测量，它们的瞬时值则可通过示波器等仪器进行测量，显示出其幅值和时间的关系，以便得到其随时间变化的规律。

（2）频域测量

频域测量是指对以频率为函数的量（如电路的增益、相位移等）的测量。这些量的测量可通过对电路的频率特性和频谱特性进行测量而得到。

（3）数据域测量

数据域测量是指对数字量进行的测量。数据域测量可以同时观察多条数据通道上的逻辑状态，还可以显示某条数据线上的时序波形，也可以利用计算机分析大规模集成电路芯片的逻辑功能。例如可用逻辑分析仪来分析计算机微处理器地址线和数据线上的信号。

（4）随机域测量

随机域测量是指对各种随机信号的测量。例如对自然界中的噪声信号、电路受到的干扰信号等的测量，是近些年来才发展起来的测量技术。

▶ 1.2 信号与测量——需要了解的仪器

电子测量仪器分为通用测量仪器和专用测量仪器。

通用测量仪器是用于对各种电路和设备进行测量的仪器，例如示波器可以用于对各种电路或设备产生的波形进行测量和监控。

专用测量仪器是指专门用于测量某些特殊参量的仪器，例如在机械行业中用的超声波探伤仪、在医疗行业用的心电图仪等（专用测量仪器专门用于单项测量）。

1.2.1 测量前需要清楚的三个问题

不管是使用通用测量仪器还是使用专用测量仪器，在测量开始之前都需要弄清楚三个问题。

1. 清楚测量仪器的使用环境

电子测量仪器由各种电子元器件组成，会受到温度、湿度、电网电压、电磁干扰、机械振动等外界环境的影响。同一台测量仪器使用同样的测量方法，在不同的环境中使用就会出现不同的测量结果。因此在使用测量仪器时，应在厂家规定的测量环境下进行，才能保证得到一定的测量精度。

2. 清楚测量仪器的技术指标

测量仪器的技术指标是指仪器的功能、测量范围和测量准确度。测量仪器的功能是指该仪器能测量什么被测量，测量范围是指该仪器能测量出被测量的数值大小，测量准确度是指仪器所得测量数值的精确度。

3. 清楚测量仪器的电源要求

电源为测量仪器提供工作能量。在固定场所使用的测量仪器一般使用单相交流电；即使用 220V 交流电；便携式测量仪器一般使用各种型号的电池供电。某些国外的测量仪器对电源有特殊的要求，在使用时要注意查看仪器铭牌上标注的输入电压数值。

1.2.2 常用的电子测量仪器

1. 信号发生仪器

信号发生仪器是能产生各种信号的仪器，在测量过程中充当信号源的角色。现在生产的信号发生仪器可以产生音频信号和高频信号，波形有正弦波、脉冲波、特殊函数和噪声等，能根据测量的需要提供不同幅度和不同功率的信号。

图 1.1 所示是一款多种函数信号发生器的外形图。

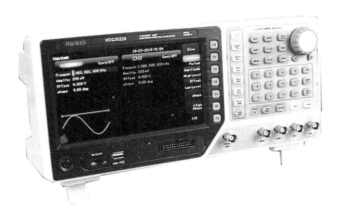

图 1.1 多种函数信号发生器的外形图

2. 信号分析仪器

信号分析仪器是用来观测、记录和分析各种电信号变化情况的仪器。例如各种示波器、频谱分析仪和逻辑分析仪等都属于信号分析仪器。信号分析仪器能对时域信号、频域信号和数据域信号进行定量分析。图 1.2 所示是一款数字式双踪示波器的外形图。

3. 电平测量仪器

电平测量仪器是用于测量各种电能量的仪器，例如各种电压表、电流表、功率表和万用表等。图 1.3 所示是一款能测量电压、电流、功率和电量的数字式多用表的外形图。

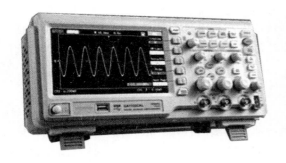

图 1.2　数字式双踪示波器的外形图　　　　　图 1.3　数字式多用表的外形图

4. 频率和相位测量仪器

频率和相位测量仪器是用于测量各种具有周期性信号的仪器。例如各种频率计、相位计、计数器等都属于这种仪器，可以测量信号的频率、周期和相位。图 1.4 所示是一款数字式频率计的外形图。

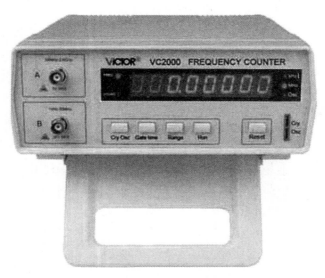

图 1.4　数字式频率计的外形图

5. 电路参数测量仪器

电路参数测量仪器是用于测量电路频率特性、阻抗特性、噪声特性的仪器，例如频率特性测试仪（扫频仪）、阻抗测量仪和网络分析仪等。图1.5所示是一款数字式频率特性测试仪的外形图。

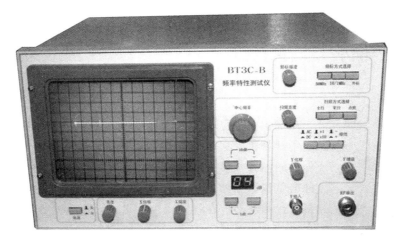

图1.5 数字式频率特性测试仪的外形图

6. 电子元件参数测量仪器

电子元件参数测量仪器是用于测量电阻、电容、电感、三极管电流放大系数等多种电参数的仪器。例如万用表、高频Q表、万能电桥、RLC测量仪等，可以测量电子元件的各项电参数。图1.6所示是一款万能电桥的外形图。

7. 数据域测试仪器

数据域测试仪器用于测量和分析数字系统中以离散时间或事件为自变量的数据流，它能完成对数字逻辑电路中的实时数据流的记录和显示，并能对数字系统的软件故障和硬件故障进行分析和诊断。逻辑分析仪就属于这种仪器。图1.7所示是一款逻辑分析仪的外形图。

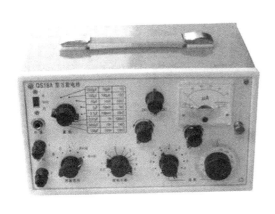

图1.6 万能电桥的外形图

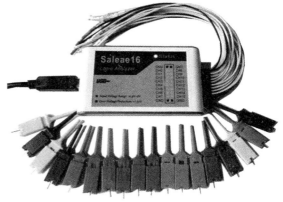

图1.7 逻辑分析仪的外形图

图 1.8　数字式场强仪的外形图

8. 电磁场测试仪器

电磁场测试仪器是用于测量电场强度、磁场强度和噪声强度的仪器。例如场强仪可以测量现场的电视信号的强度，也可以直接用于卫星天线的调试。图 1.8 所示是一款数字式场强仪的外形图。

9. 虚拟仪器

虚拟仪器是建立在计算机的基础上，通过各种应用程序将通用计算机和必要的数据采集硬件结合起来，在计算机平台上创建的测量仪器。用户可自行定义其功能和操作面板，实现各种信号和数据的采集、分析、存储、显示。例如在计算机上定义一台示波器、在计算机上定义一台信号发生器等。

▶ 1.3　四舍六入——与众不同的数据处理方法

1.3.1　电子测量数据的误差

无论采用何种测量方法和测量仪器，所得测量数据有误差是不可避免的。被测量的真值只是一个理想的概念，实际的测量值是无法达到的。在测量过程中，测量值与真值的差异称为测量误差。

1. 测量误差的表示方法

测量误差的表示方法有绝对误差和相对误差。

（1）绝对误差

测量值（仪器上的示值）x 与真值 A_0 的差称为绝对误差，用 Δx 表示。

$$\Delta x = x - A_0$$

在上式中，绝对误差 Δx 既有大小和单位，又有正负。它的大小和正负分别表示测量值偏离真值的程度和方向。

因为真值 A_0 是无法得到的，所以在实际测量中用更高一级标准仪器的测量值（仪器示值）A 代替真值，A 称为约定真值。

于是绝对误差的表达式为

$$\Delta x = x - A$$

【例 1.1】　用一个普通电压表测量电压读数为 101V，而用高一级的标准电压表测得的结果为 100V，则绝对误差为多少？

解：
$$\Delta U = U_x - A = (101 - 100)\text{V} = 1\text{V}$$

与绝对误差 Δx 数值相等但符号相反的值称为修正值，一般用 C 表示，即

$$C = -\Delta x = A - x$$

测量仪器在使用前都要由高一级标准仪器给出受检仪器的修正值，修正值通常以表

格、曲线或公式的形式给出。由修正值可以求出实际值：

$$A = C + x$$

【例1.2】　某电流表的量程为5A，通过检定而得出其修正值为−0.02A。如用这只电流表测电路中的电流，其示值为4.5A，被测电流的实际值为多少？

　　解：
$$A = C + X = (-0.02)\mathrm{A} + 4.5\mathrm{A} = 4.48\mathrm{A}$$

由上可见，利用修正值可以减小测量误差的影响，使测量值更接近于真值。测量仪器应定期送专门计量部门检定，以便得到正确的修正值。

（2）相对误差

绝对误差虽能表示测量值偏离真值的程度和方向，但不能确切反映测量的准确程度。为了确切反映测量的准确程度，又引入了相对误差的概念。

用γ_A表示相对误差，则有

$$\gamma_\mathrm{A} = \Delta x / A \times 100\%$$

式中　Δx——绝对误差；

　　　A——更高一级标准仪器的测量值（仪器示值）。

【例1.3】　用两只电压表测量两个大小不同的电压，测得值分别为$U_{1\mathrm{x}} = 101\mathrm{V}$、$U_{2\mathrm{x}} = 7.5\mathrm{V}$，绝对误差分别为1V和−0.5V，求两次测量的相对误差。

　　解：
$$\gamma_{\mathrm{A}1} = \frac{\Delta x}{A} \times 100\% = \frac{\Delta x}{x - \Delta x} \times 100\% = \frac{1}{101 - 1} \times 100\% = 1\%$$

$$\gamma_{\mathrm{A}2} = \frac{\Delta x}{A} \times 100\% = \frac{\Delta x}{x - \Delta x} \times 100\% = \frac{-0.5}{7.5 - (-0.5)} \times 100\% = -6.25\%$$

可见，绝对误差值大的测量结果，其相对误差却比较小；绝对误差值小的测量结果，其相对误差却比较大。所以单单用绝对误差反映不了误差对测量结果的影响程度，而用相对误差来衡量误差对测量结果的影响则比较准确。

在误差较小、要求不太严格的场合，常采用测量仪器的示值x代替更高一级标准仪器的测量值A，此时的误差称为示值相对误差，用γ_x表示，即

$$\gamma_\mathrm{x} = \frac{\Delta x}{x} \times 100\%$$

由于示值x可直接通过测量仪表的读数获得，所以这是在实际测量中广泛使用的方法。

【例1.4】　在例1-3中，两次测量结果的示值相对误差是多少？

　　解：
$$\gamma_{\mathrm{x}1} = \frac{\Delta x}{x} \times 100\% = \frac{1}{101} \times 100\% = 0.99\%$$

$$\gamma_{\mathrm{x}2} = \frac{\Delta x}{x} \times 100\% = \frac{-0.5}{7.5} \times 100\% = -6.67\%$$

由计算结果可以看出，当实际相对误差r_A和示值相对误差r_x的值不大时，标准仪器的测量值A与实际测量仪器的测量值x很接近，两者的差异比较小。当实际相对误差γ_A和示值相对误差γ_A的值相差比较大时，两者的差别就比较大，应该引起注意。

测量仪表都有准确度等级。在仪表的准确度一定时，根据被测量的数值大小，选择合适的量程，可以提高测量精度。一般来说，测量仪表的示值越接近满刻度，示值的相对误差就越小。实际测量时，应该尽量使测量的示值在仪表量程的2/3以上区域为佳。

2. 测量误差的来源

（1）测量误差的主要来源

所有的测量结果都有误差，为了减小测量误差，提高测量结果的准确度，需要明确测量误差的来源，以便进行相应的处理来减小测量误差。测量误差的主要来源如表 1.1 所示。

表 1.1   测量误差的主要来源

误差名称	来源说明	实　例
仪器误差	仪器本身及其附件设计、制造和装配不完善以及使用过程中元件老化、机械磨损等引起的测量误差	零点偏移、刻度不准确、仪器内标准量性能不稳
影响误差	测量过程中的环境因素与仪表所要求的使用条件不一致所造成的误差	温度、湿度、电源电压、电磁干扰等
方法误差	测量仪器的使用方法不正确造成的误差	用普通万用表的电压挡测量高内阻回路的电压
人身误差	测量者的分辨能力、固有习惯、视觉疲劳等因素引起的误差	读错刻度、计算错误等

（2）测量误差的类型

虽然误差的来源很多，但是根据测量误差的性质，可将测量误差分为三大类：系统误差、随机误差和粗大误差。

① 系统误差。系统误差也称为确定性误差，它是指在确定的测试条件下，多次测量同一量时，测量误差的数值大小和符号保持恒定，或在测量条件改变时，测量误差能按一定的规律变化。

② 随机误差。随机误差又称为偶然误差，这是由于偶发因素引起大小和方向都不确定的误差。

③ 粗大误差。粗大误差又称为疏忽误差，这是测量人员在测量过程中，由于操作、读数、记录、计算的错误而引起的误差。它严重歪曲了测量结果，含有这种误差的实验数据是不可靠的，应当在处理数据中将其剔除。

1.3.2   对电子测量数据误差的处理方法

1. 对系统误差、随机误差和粗大误差的处理

① 对随机误差的处理。随机误差没有确定的规律，也不能事先确定。当测量的次数足够多时，从统计的观点看，测量数据的随机误差基本呈正态分布。

如果进行 n 次测量得到的测量值分别为 x_1、x_2、$\cdots$、x_n，则其算术平均值为

$$\bar{x} = \frac{x_1 + x_2 + \cdots + x_n}{n} = \frac{1}{n}\sum_{i=1}^{n}x_i$$

任意一次测量值与算术平均值 $\bar{x}$ 的差称为残差，在实际测量中常用残差代替绝对误差。

【例 1.5】   对某信号源的输出频率进行了 12 次等精度测量，单位是 kHz，结果为：

153.0	153.1	152.9	152.7	153.1	153.3
152.9	153.0	153.2	153.0	153.1	152.8

试求出其平均值。

解：其平均值为

$$\bar{x} = \frac{1}{n}\sum_{i=1}^{n}x_i = \frac{1}{12}\sum_{i=1}^{12}x_i = 153.0\text{kHz}$$

通过增加测量次数 n，求出其算术平均值，就可以减小随机误差对测量结果的影响。

② 对系统误差的处理。系统误差是指在同一条件下多次测量同一量值，误差的绝对值和符号保持不变，或者在条件改变时按一定的函数规律变化的误差。系统误差具有可控性和修正性。

从产生系统误差的根源上采取措施就可以减小系统误差。如定期对测量仪器送检、在测量过程中尽量减小环境因素的影响都可以减小系统误差。采用修正法（修正值、修正公式）也可以减小系统误差。

③ 对粗大误差的处理。粗大误差出现的概率较小。在测量数据中，若某一个测量值大于三倍的算术平均值，则认为该测量值属于粗大误差，应该剔除该测量数据。

粗大误差的防止和消除主要是加强测量者的工作责任心，要求测量者有严谨的科学态度。

2. 测量数据结果的正确处理

测量数据结果的正确处理就是要从测量的原始数据中得出被测量的最佳结果，并确定其准确的程度。常用的处理方法是数据处理法。

整理实验数据通常采用有效数字法。

（1）有效数字

由于在测量数据中含有误差，所以测量数据和由测量数据得到的算术平均值都是近似值，通常就从误差的观点来定义近似值的有效数字。若一个测量数据的绝对误差不大于末尾数字一半的数，从它左边第一个不为零的数字起，到右面最后一个数字（包括零）止，都称为有效数字。

例如，某电压的测量数值记为 0.06050V，则 6、0、5、0 四个数字是有效数字，而 6 左边的两个 "0" 不是有效数字。

例如，3.1415 是一个五位有效数字，其绝对误差小于等于 0.00005。再如，8700 是一个四位有效数字，其绝对误差小于等于 0.5；0.087 是一个两位有效数字，其绝对误差小于等于 0.0005；0.807 是一个三位有效数字，其绝对误差小于等于 0.0005；87×10^2 是一个两位有效数字，其绝对误差小于等于 0.5×10^2。

（2）多余数字的舍入规则

为了减小测量误差的积累，通常采用舍入规则保留有效数字的位数。当只需要 N 位有效数字时，对第 $N+1$ 位及其后面的各位数字就要根据舍入规则进行处理。

在电子测量技术中采用的舍入规则如下：

① 四舍六入。当第 $N+1$ 位数为小于 5 的数时，舍掉第 $N+1$ 位数及其后面的所有数字；若第 $N+1$ 位数为大于 5 的数时，在舍掉第 $N+1$ 位数及其后面所有数字的同时，在第 N 位数上加 1。

② 当第 $N+1$ 位数等于 5 时，采取偶数法则。当第 $N+1$ 位数恰为 "5" 时，若 "5"

之后有非零数字，则在舍 5 的同时在第 N 位数上加 1。若 "5" 之后无数字或为 0 时，则由 "5" 之前数的奇偶性来决定舍入：若 "5" 之前为奇数，则舍 "5" 且在第 N 位数上加 1，若 "5" 之前为偶数，则舍 "5"，第 N 位数不变。

【例 1.6】 将下列六个测量数据保留 3 位有效数字。

45.76　　76.252　　13.149　　28.250　　7.15　　3.995

解：45.76→45.8　　　　76.252→76.3

13.149→13.1　　　　28.250→28.2

47.15→47.2　　　　3.995→4.00

由以上的计算可见，每个数字经舍入规则处理后，最末位的数是一个欠准数字，末位之前的数都是准确数字，最大舍入误差是末位的一半。因此，当测量结果未注明误差时，就认为最末一位数字有 "0.5" 误差，习惯上叫做 "0.5 误差法则"

【例 1.7】 用一台 0.5 级的电压表 100V 量程挡测量电压，电压表的指示为 85.35V，试确定有效数字。

解：该表在 100V 挡的最大绝对误差为 0.5V，可见被测量的实际值在 84.85～85.85V。根据 "0.5 误差法则"，测量结果的末尾数应该是个位，即只应该保留两位有效数字。根据舍入规则，末位的 0.35 小于 0.5，所以舍去，测量报告值应为 85V。

（3）有效数字的运算

有效数字进行加减运算时，必须对齐各数字的小数点，按有效数字位数最少者记录结果。在乘、除、开方和对数的运算中，为了提高运算的精确度，一般都要比参与运算的有效数字最少者多保留一位有效数字。

【例 1.8】 两个有效数字分别为 10.283 和 15.03，求这两个数的和。

解：10.283＋15.03＝25.313，则其有效值为 25.31。

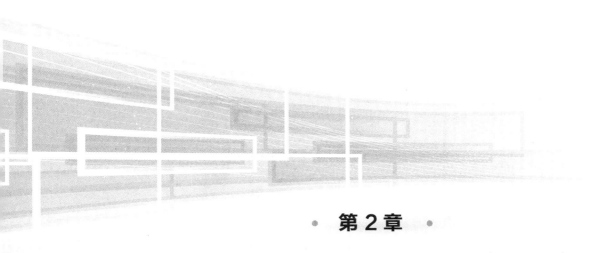

• 第 2 章 •

⇒ 电子元器件的参数测量

电子元器件的参数有很多，最基本的参数是电阻器的阻值、电容器的电容量、电感器的电感量，辅助参数有电感器的品质因数和电容器的介质损耗等。

使用万用表测量电子元器件参数是一种比较粗略的测量方法，其精度往往不能满足电路（尤其是高频电路）对电子元器件技术指标的要求；另外，还有许多电子元器件的参数是万用表所不能测量的，这就需要用到一些专用的仪器仪表。

专用测量电子元器件参数的仪器仪表有万用电桥和高频 Q 表等，这些仪器都是精密测量电子元器件主要参数的专业级测量仪器。

▶ 2.1 电阻器测量

2.1.1 使用万用表测量电阻器

万用表分为数字式万用表和指针式万用表。过去数字式万用表的价格比较贵，随着数字电子产品的普及，现在数字式万用表的价格很便宜，准确度高，读数也直接，但是数字式万用表必须在有电池的情况下才能使用。指针式万用表在直接测量电阻时必须要安装电池，若没有电池则采用间接测量方法来测量电阻。

1. 使用指针式万用表直接测量电阻

图 2.1 所示是电子爱好者经常使用的 MF-47 型指针式万用表。

① 选择电阻挡。把量程开关打到电阻挡 Ω（测量电阻用的挡位）。

② 找准刻度线。在 MF-47 型万用表的表盘上有六条刻度线，最上边的两条就是电阻和电压电流的刻度线。需要注意的是，电流和电压刻度线读数的起始位置 0 在左边，而电

阻刻度线的起始位置 0 在右边，如图 2.2 所示。

图 2.1 MF-47 型指针式万用表

图 2.2 电阻和电压电流刻度线的零位置不同

③ 机械调零。万用表的中间有一个机械调节螺钉，用小螺丝刀轻轻旋动螺钉，可以看到指针会随之转动，将指针转到表盘上电压刻度线为零的位置。

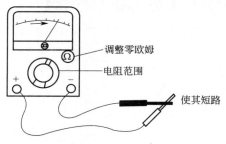

图 2.3 万用表的电气调零

④ 电气调零。将量程开关旋转到所选择的测量电阻的挡位，如 R×100 挡。将两支表笔的金属部分搭在一起使之短路，使指针会向右偏转，如图 2.3 所示。在表盘上有一个标有"Ω"的旋钮，用手轻轻调整"Ω"调零旋钮，使指针恰好指到电阻刻度线的 0 位置。如果旋动"Ω"调零旋钮指针不能归零，则说明表中的电池电量不足，应该更换电池。

⑤ 测量电阻器的阻值。将两支表笔的金属部分分别接触到被测电阻的两端，在电阻刻度线（第一条线）上读数，用这个读数再乘以该挡位上标注的数字，即

$$电阻值＝读数×挡位倍率$$

就可以得到所测电阻的阻值。

例如用 R×100 挡测量电阻，指针指在 20，则所测得的电阻值为 20×100Ω＝2000Ω。再比如挡位是 R×1k，读数是 7，则这个电阻的阻值就是 7×1kΩ＝7kΩ，如图 2.4 所示。

由于电阻刻度线的左部数字排列较密，难于看准，所以在测量时应选择适当的电阻挡，使指针指在刻度线的中部或者是右部，这样读数才比较准确。

需要注意的是，每次更换电阻挡的挡位时应重新进行电气调零，这样才能得到准确的电阻阻值。

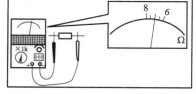

图 2.4 电阻阻值的读数

2. 使用数字式万用表直接测量电阻

使用数字式万用表直接测量电阻更简单，将黑表笔插进"COM"孔，将红表笔插进"VΩ"孔中。把挡位旋钮调到"Ω"中所需的量程，用表笔的金属部位接在电阻两端的金属引线部位。在测量中可以用手接触电阻和表笔，但不要把手同时接触到电阻的两端，这样会影响测量电阻阻值的精确度（因为人体本身也是一个是电阻值为 200kΩ 左右的导体）。在保持表笔和电阻接触良好的同时，可以从显示屏上直接读取测量数据。

图 2.5 所示是一款数字式万用表的面板图。

在购买和使用数字式万用表时，常常会碰到几位半表的问题。数字式万用表的分辨率是用位数来表示的，比如某块数字表有四位数字显示，但最左边的高位只能显示 0 或者 1 两个数字，而其余的低三位则能显示从 0 到 9 十个数字，这样的表就称为 $3\frac{1}{2}$ 位表。

在工程上一般使用的是 $3\frac{1}{2}$ 位表，在实验室里可以采用 $4\frac{1}{2}$ 位表，$5\frac{1}{2}$ 位数字表作为标准表校验低精度等级的万用表。

$3\frac{1}{2}$ 位表和 $4\frac{1}{2}$ 位表的价格相差很大，$5\frac{1}{2}$ 位数字表的价格更是价格不菲，所以有的厂家就推出了所谓 $3\frac{3}{4}$ 位数字表、$3\frac{3}{4}$ 位数字表最高位可以显示 0、1、2、3 四个数字，相当于扩大了测量范围，但是这种表的测量精度是不变的，所以其价格也比较低廉。市场上有一款 F15B 型数字式万用表，就是一块 $3\frac{3}{4}$ 位表，其外形如图 2.6 所示。

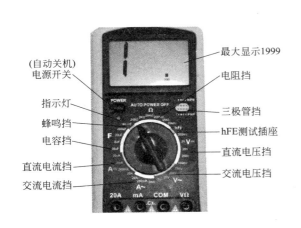

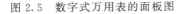

图 2.5　数字式万用表的面板图

图 2.6　F15B 型 $3\frac{3}{4}$ 位数字式万用表的外形图

3. 在指针式万用表没有电池情况下测量电阻器阻值

一般指针式万用表使用 1.5V 的 2 号电池和 9V 的层叠电池测量电阻器阻值。在没有 2 号电池和 9V 层叠电池的情况下，可以利用欧姆定律来求出电阻器的阻值（因为指针式万用表在测量电压和电流时，是不需要使用电池的）。

欧姆定律指出 $U=IR$，所以只要测出电阻器两端的电压和流过电阻器内部的电流后，就可以计算出电阻值。

① 找一个直流电源，比如可以是一节 1 号电池，按照图 2.7 所示连接好电路。

② 将指针式万用表量程开关置于直流电压挡，按照图 2.8(a) 连接，测量出电阻两端的电压。

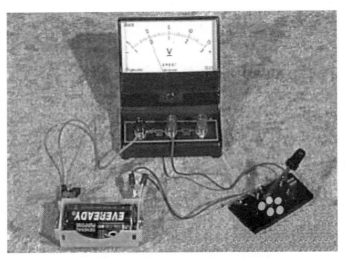

图 2.7   指针式万用表没有电池时测量电阻器阻值的实物连接图

③ 将指针式万用表量程开关置于直流电流挡，按照图 2.8(b) 连接，测量出流过电阻内部的电流。

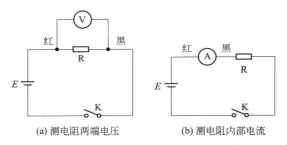

(a) 测电阻两端电压   (b) 测电阻内部电流

图 2.8   用万用表测量电压和电流求电阻值的连线图

2.1.2   使用万用电桥测量电阻器

使用万用表所测得到的电阻器的阻值不是十分精确，要得到精确的电阻器阻值必须使用万用电桥。

万用电桥实际上是一个多用途的阻抗电桥，它将几种不同类型的电桥组合起来，使之具有测量电阻、电感和电容元件参数的功能，因此这种电桥称为万用电桥。万用电桥是一款高精度的测量仪表。

1. 万用电桥的组成

万用电桥包含三个部分：测量桥体、1kHz 交流信号源和配有晶体管放大器的磁电系指零仪。测量桥体由测量电阻用的惠斯登电桥（又称单臂电桥）、测量电容用的维恩电桥和测量电感器的麦克斯韦电桥组成。

2. QS18A 型万用电桥

QS18A 型万用电桥是目前国内使用量比较大且高精度的万用电桥。图 2.9 所示是

QS18A 型万用电桥的面板图。

图 2.9　QS18A 型万用电桥的面板图

（1）QS18A 型万用电桥的测量误差

QS18A 型万用电桥工作在 10～30℃、相对湿度在 30％～80％情况下时，测量范围满足表 2.1 中要求，其测量结果不超过表 2.1 中所示的误差范围。

表 2.1　QS18A 型万用电桥主要性能指标

被测量	测量范围	基本误差（按量程最大值计算）	损耗范围	使用电源
电阻	$10m\Omega \sim 1.1\Omega$	$\pm(5\% \pm 5m\Omega)$	—	$10m\Omega \sim 10\Omega$ 用内部 1kHz 交流电源，大于 10Ω 用内部 9V 直流电源
	$1\Omega \sim 1.1M\Omega$	$\pm(1\% \pm \Delta)$		
	$1 \sim 11M\Omega$	$\pm(5\% \pm \Delta)$		
电容	$1.0 \sim 110pF$	$\pm(2\% \pm 0.5\ pF)$	D 值 $0 \sim 0.01$	内部 1kHz 交流电源
	$100pF \sim 110\mu F$	$\pm(2\% \pm \Delta)$	$0 \sim 10$	
	$100 \sim 1100\mu F$	$\pm(2\% \pm \Delta)$	$0 \sim 10$	
电感	$1.0 \sim 11\mu H$	$\pm(2\% \pm 0.5\mu H)$	Q 值	内部 1kHz 交流电源
	$10 \sim 110\mu H$	$\pm(2\% \pm \Delta)$	$0 \sim 10$	
	$100\mu H \sim 1.1H$	$\pm(2\% \pm \Delta)$	$0 \sim 10$	
	$1 \sim 11H$	$\pm(2\% \pm \Delta)$	$0 \sim 10$	
	$10 \sim 110H$	$\pm(2\% \pm \Delta)$	$0 \sim 10$	

注：Δ 为滑线盘最小分格的 1/2，Q 值小于 1 的电感基本误差不予以考虑。

（2）QS18A 型万用电桥的面板图

QS18A 型万用电桥的面板图如图 2.10 所示。

（3）QS18A 型万用电桥面板上各个旋钮的名称和功能

在图 2.10 中各旋钮的名称和功能如下：

① 被测端口。被测端口用来连接所需测量的元件。若被测元件无法直接连接到端口，可通过导线连接（在测量较小量值的元件时，需扣除导线的电阻），被测端口"1"表示高电位，被测端口"2"表示低电位。在实际使用中，若要考虑高低电位（如测量电解电容），可按此标记来连接。

② 外接插孔。当测量有极性的电容和铁芯电感时，如需外部叠加直流偏置，可通过外接插孔接于桥体；当使用外部的音频振荡信号时，可通过外接插孔加到桥体（此时应将插孔上方的拨动开关拨向"外"位置）。

③ 拨动开关。当使用机内 1kHz 振荡信号时，应将拨动开关向下拨向"内 1kHz"位

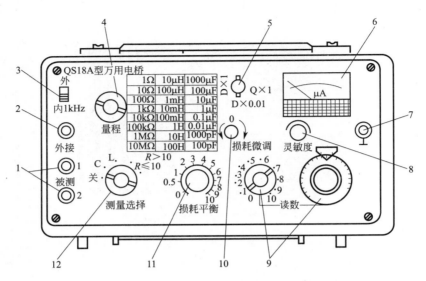

图 2.10　QS18A 型万用电桥的面板图

1—被测端口；2—外接插孔；3—拨动开关；4—量程开关；5—损耗倍率开关；6—指示电表；7—接壳端钮；
8—灵敏度调节旋钮；9—读数盘；10—损耗微调旋钮；11—损耗平衡调节旋钮；12—测量选择开关

置；若使用外部振荡信号，此时内部 1kHz 振荡信号停止工作，应将开拨动关向上拨向"外"位置。

④ 量程开关。量程开关用来选择测量范围，面板上的标示值是指电桥在满度时的最大值。

⑤ 损耗倍率开关。损耗倍率开关用来扩展损耗平衡的读数范围。在一般情况下测量空心电感线圈时，此开关旋到 Q×1 的位置；测量高 Q 值电感线圈、小损耗电容器时，将此开关旋到 D×0.01 的位置；测量损耗较大的电容器时，将此开关旋到 D×1 的位置。在测量电阻时，损耗倍率开关不起作用，可放在任何位置。

⑥ 指示电表。指示电表用以指示电桥的平衡状态。在电桥平衡过程中，操作有关的旋钮，观察指示电表指针的动向，当指针指向"0"时即达到电桥平衡位置。

⑦ 接壳端钮。接壳端钮与电桥的机壳相连。使用时应接地，以减小干扰影响。

⑧ 灵敏度调节旋钮。灵敏度调节旋钮用来控制电桥放大器的放大倍数，开始测量时，应降低灵敏度，指示电表小于满刻度。当电桥接近平衡时，再逐渐增大灵敏度。

⑨ 读数盘。调节两个读数盘可使电桥平衡。第一位读数盘（左边）为步进开关，步级为 0.1 也就是量程旋钮指示值的 1/10，第二、第三位读数由连续可调的滑线电位器指示。

⑩ 损耗微调旋钮。损耗微调旋钮用于微调平衡时的损耗值，一般情况下应将其放在"0"位置。

⑪ 损耗平衡调节旋钮。损耗平衡调节旋钮用以指示被测元件的损耗读数。此读数盘上的指示值再乘以损耗倍率开关的示值，即为损耗值。

⑫ 测量选择开关。测量选择开关用以转换电桥线路。若测量电容器，应将开关置于

"C"处；测量电感时，应将开关置于"L"处；测量 10Ω 以内电阻时，应将开关置于"$R \leqslant 10$"处；测量 10Ω 以上电阻时，应将开关置于"$R > 10$"处。测量完毕后，应将此旋钮置于"关"的位置。

3. 使用 QS18A 型万用电桥测量电阻器的阻值

（1）测量原理图

测量电阻时，电桥组成一个惠斯登电桥，如图 2.11 所示。

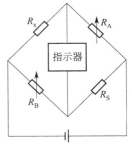

（2）计算公式

当电桥平衡时，下式成立：

$$R_A R_B = R_S R_x$$

图 2.11　万用电桥测量电阻的电路连接

所以有

$$R_x = \frac{R_A R_B}{R_S}$$

只要知道了 R_A、R_B、R_S 的值，就可以得到待测电阻 R_x 的准确值。

（3）测量步骤

电阻值的测量可按照以下步骤进行：

① 估计被测电阻的大小，旋动量程开关到适当的量程位置。例如，当被测电阻值小于 10Ω 时，将量程开关旋到"$R \leqslant 10$"处，量程应置于"1Ω"或者是"10Ω"处；当被测电阻值大于 10Ω 时，将选择开关旋到"$R > 10$"处，量程应置于"100Ω"处。

② 将被测量电阻接在接线柱上。调节灵敏度调节旋钮，使电表指针略小于满刻度。

③ 调节读数旋钮的第一位步进开关和第二位滑线盘，使电表指针往"0"的方向偏转。

④ 再将灵敏度置于足够大的位置，调节滑线盘，使电桥达到最后平衡，此时电桥的读数即为被测电阻值。即被测量电阻的阻值为

$$R_x = 量程开关指示值 \times 读数指示值$$

【例 2.1】　用 QS18A 型万用电桥测某电阻时，量程开关放在 100Ω 位置，电桥的读数盘示值分别为 0.9 和 0.092，其电阻值 R_x 多大？

解：R_x＝量程开关指示值×读数指示值＝$100 \times (0.9 + 0.092)$Ω＝99.2Ω

2.1.3　使用直流电阻测试仪测量微小电阻值

直流电阻测试仪是取代万用电桥测量电阻的高精度换代产品，尤其是测量变压器绕组的微小直流电阻，更是具有其独特的性能。图 2.12 所示是一款变压器直流电阻测试仪的外形图。

测量变压器绕组的直流电阻是一个很重要的试验项目，在我国颁发的《电力设备试验规程》中，其测试次序排在变压器试验项目的第二位。《电力设备试验规程》规定在变压器交接、大修、小修、变更分接头位置、故障检查及预试时，必须测量变压器绕组的直流电阻值。

图 2.12　变压器直流电阻测试仪的外形图

1. 测量变压器绕组直流电阻值的主要目的

① 检查绕组内部导线和引线的焊接质量。

② 检查分接开关各个位置接触是否良好。

③ 检查绕组或引出线有无折断处。

④ 检查并联支路的正确性，是否存在由几条并联导线绕成的绕组发生一处或几处断线的情况。

⑤ 检查绕组的层间或者匝间有无短路的现象。

2. 直流电阻测试仪的测量范围

直流电阻测试仪可以测试阻值范围为 $1\mu\Omega\sim3M\Omega$，最大显示位数为五位，可显示数值最大为 30000，最高测试速度为 60 次/s，测试速度在 15 次/s 下时，依然可以保证 0.05％的准确度，配有温度补偿功能，可对电阻进行精确测试。仪器内装 12V 可充电电池组，还可以交直流两用，便于在现场及野外测试电阻。

直流电阻测试仪以高速微控制器为核心，内置充电电池及充电电路，采用高速 A/D 转换器及程控电流源技术，达到了前所未有的测量效果及高度自动化测量功能，具有精度高、测量范围宽、数据稳定、重复性好、抗干扰能力强、保护功能完善、充放电速度快等特点。

直流电阻测试仪具有体积小、重量轻、便于携带的特点，是测量变压器绕组以及大功率电感设备直流电阻的理想设备。

3. 直流电阻测试仪测试前的自检操作

（1）直流电阻测试仪机内直流电源的自检

闭合总电源开关，相应有指示灯亮，按下"启停"键，即可进行测试。测试完毕，按下"复位键"，仪器显示"正在放电"，等仪器返回到开机的界面，关闭总电源开关，相应的指示灯熄灭，表示机内的直流电源正常。

（2）直流电阻测试仪机内交流电源的自检

接上交流 220V 电源，"充电"指示灯亮，闭合总电源开关，相应的指示灯熄灭，表示机内的交流电源正常。

（3）自检完毕后的操作

每次自检完毕后，必须按"复位键"，等仪器返回开机界面后，才能关机进行下次测试。

4. 使用直流电阻测试仪进行电阻测量

连接好被测变压器的绕组接头后，将仪器开机或按"复位"键后，仪器进入初始状态。此时光标指针指向"电阻"，直接按"确定"键后，仪器会显示变化的充电电流。充电完成后仪器自动进入测量状态，并显示被测量电阻的电阻值，还会显示出测量电流和测量时间，此时每按一次"确定"键，则仪器会储存一次测量结果（带打印机的机型会同时打印出测量结果）。

再按"复位"键，则仪器退出电阻测量状态，进入放电状态。放电结束后，仪器会自动回到初始状态，完成一次电阻测量。

2.2　电容器测量

电容器是在电子产品中使用最多的电子元器件之一，检测电容是一个电子工作者必须掌握的技能。因为电容器的两个电极是相互绝缘的，所以它具有"隔直流通交流"的基本性能。电容器的主要参数有电容量和高频介质损耗。

2.2.1　使用万用表测量电容器

1. 使用指针式万用表测量电容器

使用指针式万用表测量电容器，一般都采用电阻挡。通过检测电容器的电阻大小和观察电容器的充电情况，对电容器的性能作出判断。这种测量并不能直接读出电容器的电容量，而且还要视电容器的型号和容量的大小采取不同的测量方法。

（1）对电解电容器的检测

对电解电容器的性能测量，最主要的是对容量大小和漏电流的测量；对正、负极标志脱落的电容器，还应进行极性判别。

用万用表测量电解电容器的漏电流时，可用万用表电阻挡测电阻的方法来估测。万用表的黑表笔应接电容器的"＋"极，红表笔接电容器的"－"极，此时指针迅速向右摆动，然后慢慢退回，待指针不动时，指针指示的电阻值越大表示该电容器的漏电流越小；若指针根本不向右摆，说明电容器内部已断路，或者是该电容器的电解质已干涸而失去容量。

用上述方法还可以鉴别出电解电容器的正、负极。对失掉正、负极标志的电解电容器，可以首先假定某极为"＋"极，将其与万用表的黑表笔相接，然后将另一个电极与万用表的红表笔相接，同时观察并记住指针向右摆动的幅度；将电容器放电后，再把两支表笔对调重新进行上述测量。若在哪一次测量中，指针的摆动幅度较小，说明该次测量对电解电容器正、负极的假设是对的。

对于容量在 $1 \sim 10 \mu F$ 的电解电容器，可选择 "R×1k" 挡进行测量。如果指针首先向右摆动，然后慢慢地向左回摆，最后会停在电阻值无穷大处，这说明该电容器是好的。

对于容量在 $10 \sim 470 \mu F$ 的电容器，可选择 "R×10 k" 挡进行测量。如果指针首先大幅度地向右摆动，然后慢慢地向左回摆，最后会停在电阻值无穷大处，这说明该电容器是好的。

（2）对小容量无极性电容器的检测

小容量无极性电容器的典型代表是瓷片电容器，它的特点是无正、负极性之分，极间绝缘电阻很大，因而其漏电流很小。对于容量小于 $0.01 \mu F$ 的瓷片电容器，用指针式万用表的电阻挡直接测量其绝缘电阻，则指针摆动范围极小不易观察，甚至根本就看不出指针有摆动。此时的检测主要是检查瓷片电容器是否有短路情况。

对于容量小于等于 $0.01 \mu F$ 的电容器，是不能用万用表的电阻挡来判断出该电容器是否断路，只能用其他仪表（如 Q 表）进行鉴别。

对于容量大于 $0.01 \mu F$ 的电容器，必须根据容量的大小，分别选择万用表的合适量程，才能正确加以判断。测量 $0.01 \sim 0.47 \mu F$ 的电容器可用 "R×1k" 挡，测量 $0.47 \sim 1 \mu F$ 的电容器可用 "R×10k" 挡。具体方法是：用两表笔分别接触电容器的两根引线（注意双手不能同时接触电容器的两极），若指针不动，将两表笔对调再测，指针仍不动则说明该电容器断路。

（3）对可变电容器的检测

对可变电容器的检测主要是测量其是否有碰片（短接）的现象。选择万用表的 R×1 挡，将两只表笔分别接在可变电容器的动片和定片的连接片上。旋转电容器动片至某一位置时，若发现有表针摆动指零现象，说明该可变电容器的动片和定片之间有碰片现象，应予以排除后再使用。

2. 使用数字式万用表测量电容器

数字式万用表一般都有电容挡，还有两个测量电容器容量的插孔，将电容器的两只引脚直接插入孔内，即可进行测量，如图 2.13 所示。

在测量大电容之前一定要首先将电容器的两只引脚短接进行放电，接着将万用表打到电容挡（F），并选择合适的量程，然后将电容插入表盘下方的两个 Cx 测试插孔，进行测量电容器的容量，等读数稳定了读出电容值。

比如测量一只容量标注为 $100 \mu F$ 的电解电容器，测量出的电容器容量是 $90 \sim 110 \mu F$ 都为正常，这是正常范围内的误差。

电容挡

图 2.13　数字式万用表测量电容器容量的挡位和插孔

某些数字式万用表测量电容器的挡位有五个量程，其量程分为 2000p、20n、200n、2μ 和 20μ 器五挡。测量时可将已放电的电容两引脚直接插入表板上的 Cx 插孔中，选取适当的量程后就可直接读取显示数据。对于 2000p 挡，适合测量电容量小于 2000pF 的电容器；对于 20n 挡，适合测量电容量在 $2000pF \sim 20nF$ 的电容器；对于 200n 挡，适合测量电容量在 $20 \sim 200nF$ 的电容器；

对于 2μ 挡，适合测量电容量在 $200\text{nF}\sim 2\mu\text{F}$ 的电容器；对于 20μ 挡，适合测量电容量在 $2\sim 20\mu\text{F}$ 的电容器。

经验证明，有些型号的数字式万用表（如 DT890B＋）在测量 50pF 以下的小容量电容器时误差较大，测量 20pF 以下的电容器容量时所得读数几乎没有参考价值。此时可采用串联法来测量小容量的电容器。具体方法是：首先找一只 220pF 左右的电容器，用数字式万用表测出其实际容量记作 C_1，然后把待测小电容器与之并联测出总电容量记作 C_2，则两者之差为 $C_2 - C_1$，即是待测小电容器的容量。用此法测量 $1\sim 20\text{pF}$ 的小容量电容器时，所得数值很准确。

2.2.2　使用万用电桥测量电容器

1. 测量原理图

测量电容器时，万用电桥组成一个维恩电桥，如图 2.14 所示。

2. 测量电容器的计算公式

当电桥平衡时，下式成立：

$$C_x = R_B C_s / R_A$$
$$R_x = R_A R_s / R_B$$
$$D_x = \omega C_s R_s$$

式中　C_x——被测电容器的电容量；

　　　R_x——被测电容器的等效阻抗；

　　　D_x——被测电容器的高频介质损耗；

　　　ω——万用电桥的工作频率。

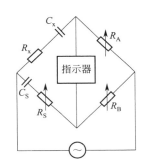

图 2.14　使用万用电桥测量
电容器的电路原理

3. 测量电容器的步骤

测量电容器的电容量可按照以下步骤进行：

① 旋动测量选择开关到"C"，再估计被测电容器的大小，旋动量程开关到适当的量程位置。

② 将损耗倍率开关置在"D×0.01"（一般电容器）或置在"D×1"（电解电容器）。

③ 将被测电容器接在电桥的接线柱上，将"损耗平衡"旋钮放在"1"位置，将"损耗微调"旋钮逆时针旋到底，调节"灵敏度"旋钮，使电表指针略小于满刻度。

④ 首先调节"读数"旋钮，然后调节"损耗平衡"，使电表指针往"0"的方向偏转。再多次将"灵敏度"旋钮逐渐调高，调节"读数"旋钮和"损耗平衡"旋钮，使指针指"0"或接近于零的位置，直到灵敏度足够大时，此时电桥达到最后平衡。

⑤ 电桥平衡时，被测电容器的电容量 C_x 和高频介质损耗 D_x 分别为

$$C_x = 量程开关指示值 \times 读数指示值$$
$$D_x = 损耗倍率指示值 \times 损耗平衡指示值$$

【例 2.2】　用万用电桥测某标称值为 510pF 的电容器时，量程开关放在 1000pF 位置。当电桥平衡时，电桥的读数盘示值分别为 0.5 和 0.038，损耗倍率开关在 $D = 0.01$ 处，损

耗平衡旋钮指示值为 1.2，被测电容器的 C_x 和 D_x 分别是多少？

  解： C_x＝量程开关指示值×读数指示值＝$1000×(0.5+0.038)\text{pF}=538\text{pF}$

    D_x＝损耗倍率指示值×损耗平衡指示值＝$0.01×1.2=0.012$

2.2.3 使用高频 Q 表测量电容器

  高频 Q 表是用谐振法测量高频元件参数的专用仪器，它能在高频状态下测量电容量、电感量、介质损耗和品质因数等。虽然万用电桥也能测量上述参数，但是万用电桥只能在低频情况下进行测量，否则所得数值误差较大。

  图 2.15 所示是目前国内比较先进的高频数显 Q 表的外形图。

图 2.15 上海生产的 WY2853D 型高频 Q 表外形图

  国产 WY2853D 高频 Q 表具有创新的自动 Q 值读取技术，使测量 Q 值的精度和速度大大提高。WY2853D 高频 Q 表的 Q 值为四位有效数字显示，采用液晶 LCD 屏显示多参数：Q 值、测试频率和调谐状态等。目前这种仪器的价格还是比较贵的，大约在 1.5 万元。使用比较多的价格比较低廉的高频 Q 表是 QBG-3 型，目前这种仪器的价格大约在 1 千元，测量精度也能满足要求。QBG-3 型高频 Q 表的外形图如图 2.16 所示。很明显看出，这是一款指针式仪表。

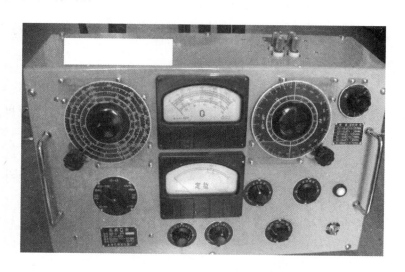

图 2.16 QBG-3 型高频 Q 表的外形图

1. QBG-3 型高频 Q 表的电路结构和面板

（1）QBG-3 型高频 Q 表的电路结构。

QBG-3 型高频 Q 表是目前应用较多的测量电容器和电感器的一种仪器，它的测量电路原理图如图 2.17 所示。

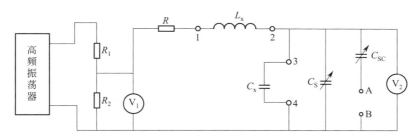

图 2.17　QBG-3 型高频 Q 表的测量电路原理图

由图 2.17 可见，高频 Q 表主要由高频振荡器、定位指示电压表 V_1、谐振指示电压表 V_2、测试回路等组成。

① 高频振荡器。高频振荡器是本机自带的信号源，通常是一个电感三点式振荡电路。它可以产生频率可调、振幅稳定的正弦波信号。高频信号源的频率范围为 50kHz～50MHz，分成七个波段，用波段开关来进行选择。

② 定位指示电压表 V_1。在图 2.17 中的表 V_1 是一个电子电压表，称为定位电压表，用于指示信号源提供给测量回路的电压。高频信号源的输出电压为 500mV，经过电阻 R_1 和 R_2 分压后，提供给测量回路的输入电压是 10mV。在实际电路中，R_1 的阻值是 1.96Ω，R_2 的阻值是 0.04Ω，组成一个 1/50 的分压器。分压电阻所以取为 0.04Ω，是为了实现低阻抗的高频信号源，减小电源内阻对测量回路的影响。

③ 谐振指示电压表 V_2。谐振指示电压表 V_2 是一个用作谐振指示和 Q 值读数的电子电压表，它并接在串联谐振回路中可变电容器的两端。当串联谐振回路达到谐振状态时，电容器两端的电压达到最大值，电子电压表指示达到最大。

由于回路发生谐振时，标准可变电容器两端的电压是测试电路的输入电压值的 Q 倍，这里的 Q 值就是串联谐振回路中电感线圈的品质因数。当定位指示器指示在"Q×1"位置时，测试电路的输入电压等于 10mV，Q 值正比于标准电容器两端的电压值，因此可将电子电压表的刻度盘直接按 Q 值刻度。这样刻度以后，在测量时便可以直接在电压表 V_2 上读出 Q 值。

④ 测试回路。在测试回路中有两个标准可变电容器 C_S 和 C_{SC}，一个是主调电容器 C_S（2×250pF），另一个是微调电容器 C_{SC}（5～13pF）。在测试回路中还有两对接线柱："Lx"和"Cx"，"Lx"接被测线圈或辅助线圈（测量电容器时），"Cx"接被测电容器。

被测线圈（或辅助线圈）与标准电容器（包括被测电容器）组成一个串联谐振回路。当调节标准可变电容器的电容量或者调节高频振荡电路的频率的，均可使串联谐振回路发生谐振。

（2）QBG-3 型高频 Q 表的面板。

QBG-3 型高频 Q 表的面板如图 2.18 所示。

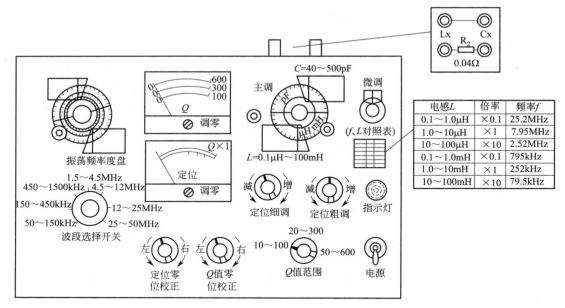

图 2.18　QBG-3 型高频 Q 表的面板图

在 QBG-3 型高频 Q 表面板上的控制装置有波段选择开关、振荡频率度盘、定位指示表头、定位零点校正旋钮、定位粗调旋钮和定位细调旋钮、Q 表指示表头、Q 值零位校正旋钮、Q 值范围开关、主调电容度盘、微调电容度盘、测量接线柱、电源开关和指示灯。

波段选择开关是高频振荡电路中的波段开关，分成七个频段。

振荡频率度盘用作每个波段内的频率连续调节用。刻度盘上有与频段选择开关配合使用的若干条频率刻度，以选择所需频率。

定位粗调旋钮和定位细调旋钮是高频振荡电路中的两个电位器，调节定位粗调旋钮和定位细调旋钮，可改变高频振荡电路输出电压的大小，使定位指示表的指针指在刻度"Q×1"上，这时才能从 Q 值指示表上直接读出准确的 Q 值。

当定位粗调旋钮置于起始位置（逆时针旋到底）时，可调节定位零位校正旋钮，使定位指示表的指针在零位。

Q 值指示表头上有三条刻度线：0～100、0～300、0～600。要根据 Q 值范围开关所在的位置，读取表头上相应的刻度值。

Q 值零位校正旋钮是谐振指示电路中的电位器，在测试电路远离谐振点的情况下，调节 Q 值零位校正旋钮，使 Q 值指示表的指针在零位。

Q 值范围开关是谐振指示电路中的波段开关，用作谐振指示时的灵敏度变换和 Q 值指示的量程变换。Q 值范围开关有三挡位置：10～100、20～300、50～600，进行测量时应根据被测元件 Q 值的大小选择适合的挡级。

主调电容度盘是测试回路中的标准可变电容器，度盘上有 C 和 L 两种刻度。C 刻度线在度盘的上方，在测量电容器时，对准上方的读数指示红线作为电容量的读数值。L 刻度线在度盘的下方，在测量电感时，对准下方的读数指示红线作为电感量的读数值。

微调电容度盘也是测试回路中的标准可变电容器，有 −3pF～0～+3pF 刻度，作微调之用。通常要将该度盘置于零位，否则在测试时，必须将微调电容器度盘的读数加到主调电容度盘的读数上去。

面板上还有电源开关和电源指示灯。由直接法测得的电容量是有误差的，因为它的测试结果中包括了线圈的分布电容和引线电容。为了消除这些误差，宜改用替代法。

2. QBG-3 型高频 Q 表的使用方法

高频 Q 表的型号有很多，但是它们除了频率范围、测量范围、测量精度等指标不完全一样外，其基本使用方法是一样的。这里以 QBG-3 型高频 Q 表为例，介绍高频 Q 表的使用方法。

（1）测试准备

进行各项测试时均应先做好以下工作：

① 将仪器安装在水平的工作台上，校正定位指示电压表的机械零点。

② 将定位粗调旋钮向逆时针方向旋到底，将定位零位校正和 Q 值零位校正旋钮置于中间附近位置，将微调电容度盘调到零。

③ 接通电源，指示灯亮，预热 10min 以上，待仪器稳定后再进行测试。

（2）直接测量法

用直接测量法测试电容器的电路图如图 2.19 所示。

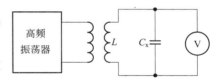

图 2.19　用直接测量法测量电容器的电路图

在测量时需要选用一个适当的标准电感 L，与被测电容器 C_x 组成谐振电路，然后再调节高频振荡电路的频率。当电压表的读数达最大时，即谐振回路达到串联谐振状态。这时振荡电路输出信号的频率 f 将等于测量回路的固有频率 f_0，即

$$f = f_0 = 1/(2\pi\sqrt{LC_x})$$

由此式可得到该电容器的 C_x 值：

$$C_x = 1/4\pi^2 f_0^2 L$$

（3）串联替代测量法

当电容器的容量大于 460pF 时，通常采用串联替代法进行测量。串联替代法适合测量容量比较大的电容器，其测量步骤如下。

① 先将 1、2 端短接，如图 2.20 所示。

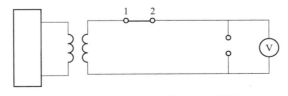

图 2.20　串联替代法的第 1 步骤接线图

② 调小可变电容器 C_s 的容量，记作 C_1，再调节高频信号源的频率使测量回路谐振，此时的谐振频率记作 f_0。

③ 去掉 1、2 端的短路线，将被测电容 C_x 接至 1、2 端，如图 2.21 所示。

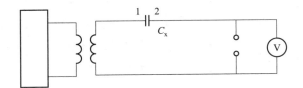

图 2.21　串联替代法的第 3 步骤接线图

④ 保持高频信号源的频率 f_0 不变，调节可变电容器 C_s 使测量回路重新谐振，此时 C_s 的容量记作 C_2。

在上述测量过程中，测量回路中的电感以及前后两次的谐振频率都没有变化，因此前后两次测量回路的等效电容值是相等的，而待测电容器 C_x 与等效电容值 C_2 是串联关系，所以有

$$C_1 = \frac{C_x C_2}{C_x + C_2}$$

可以求出待测电容器的电容量 C_x：

$$C_x = \frac{C_1 C_2}{C_2 - C_1}$$

（4）并联替代法

当待测电容器的容量小于 460pF 时，通常采用并联替代法进行测量。在高频 Q 表中标准可变电容器的电容量变化范围有限，一般 Q 表的主调电容度盘的电容变化范围为 460pF，即可从最大值 500pF 变化到最小值 40pF，所以按照上述的并联替代法只能测量电容量小于 460pF 的电容。

并联替代法的接线图如图 2.22 所示。

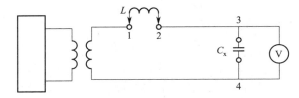

图 2.22　用并联替代法测量小电容的接线图

用并联替代法测量电容器的测量步骤如下：

① 在图中的 1、2 端始终短接或接入一标准电感 L。在不接入被测电容器 C_x 的情况下，调大可变电容器 C_s 的电容量，记作 C_1；再调节高频信号源的频率使测量回路谐振，设此时的谐振频率为 f_0。

② 将被测电容器 C_x 接至仪器的接线端子 3、4 端，保持高频信号源的频率 f_0 不变，调节可变电容器 C_s 的容量使测量回路重新谐振，此时可变电容器 C_s 的容量记作 C_2。

在上述测量过程中，测量回路中的电感以及前后两次的谐振频率都没有变化，因此前后两次测量回路的等效电容值是相等的，而待测电容器 C_x 与等效电容值 C_2 是并联关系，所以有

$$C_1 = C_2 + C_x$$

可以求出待测电容器的电容量 C_x：

$$C_x = C_1 - C_2$$

若要测量大于 460pF 的电容器，可借助一只已知电容量的电容器作为辅助元件，再用并联替代法进行测量，或者采用串联替代法进行测量。

【例 2.3】 测量一个标注为 271 的电容器。

解： 如标注为"271"的电容器，其容量是"27"后面加上"1"个 0，单位是 pF，即 270pF；再如标注为"561"的电容器，其容量是 560pF。

取一个电感器，比如 $L = 2.5\text{mH}$，接在"Lx"接线柱上，把主调电容 C_s 调在较大的电容位置上，记作 C_1（如 $C_1 = 400\text{pF}$）。仔细调节频率度盘使电路谐振（此时 Q 值表头的指示为最大）。将被测电容器"271"接在"Cx"接线柱上，保持振荡频率不变。调节（减小）主调电容度盘，当主调电容器度盘的读数为 120pF 时，此时 Q 值表头的指示又为最大，表示测试回路再次谐振。将读数 120pF 记作 C_2，则被测电容器的电容量为

$$C_x = C_1 - C_2 = 400\text{pF} - 120\text{pF} = 280\text{pF}$$

【例 2.4】 测量一个标注为 C561 的电容器。

解： 取一个电感线圈比如 $L = 2.5\text{mH}$，接在"Lx"接线柱上，将已知电容器 280pF 接在"Cx"接线柱上，把主调电容 C_s 调在较大电容器的位置上如 440pF，记作 C_1，调节频率度盘使电路谐振（此时 Q 值表头的指示为最大）。把已知电容器 280pF 取下，换上被测电容器接在"Cx"接线柱上，保持振荡频率不变。调节（减小）主调电容度盘，使测试回路再次谐振（此时 Q 值表头的指示又为最大），若此时主调电容器度盘的读数为 150pF，记作 C_2，则被测电容器的电容量为

$$C_x = 280 + C_1 - C_2 = 280\text{pF} + 440\text{pF} - 150\text{pF} = 570\text{pF}$$

（5）采用倍频法测试电感器线圈的分布电容量

采用倍频法可以测量电感器线圈的分布电容，这是一个测量微小电容量的方法。在高频电路中，这个测量很有实际意义。

测量步骤如下所示：

① 先把被测电感器线圈接在"Lx"接线柱上，把高频 Q 表的主调电容 C_s 调在某一位置，记作 C_1，仔细调节频率旋钮使电路谐振，此时 Q 值表头的指示为最大，将此时的谐振频率记作 f_1。

② 再调节频率旋钮，把频率调到 $f_2 = 2f_1$。仔细调节主调电容 C_s 使电路再次谐振，此时 Q 值表头的指示又为最大，将此时的主调电容度盘指示记作 C_2，则电感器线圈的分布电容量 C_0 可由下式计算：

$$C_0 = (C_1 - 4C_2)/3$$

【例 2.5】 用倍频法测量电感器线圈的分布电容 C_0。

解： 把被测电感器接在"Lx"接线柱上，把主调电容 C_s 调在某一位置 C_1（如 $C_1 = 200\text{pF}$），调节频率旋钮使电路谐振，此时 Q 值表头的指示为最大，将此时的谐振频率记作 f_1。

再调节频率旋钮，把频率调到 $f_2 = 2f_1$。仔细调节主调电容 C_s 使电路再次谐振，此时 Q 值表头的指示又为最大，读出此时主调电容的度盘指示为 48pF，记作 C_2，则线圈的

分布电容量 C_0：

$$C_0=(C_1-4C_2)/3=(200-4\times48)\text{pF}/3=2.7\text{pF}$$

（6）使用 QBG-3 型高频 Q 表测量电容器的介质损耗

使用 QBG-3 型高频 Q 表测量电容器的介质损耗，测量步骤如下所示：

① 先在高频 Q 表的附件中取一个电感量大于 1mH 的标准电感，接至"Lx"处，将其分布电容记为 C_0，将微调电容调到零，将主调电容调到较大值如 500pF，记作 C_{s1}。

② 调节"波段开关"和"频率旋钮"使电路发生谐振，记下此时 Q 表的读数为 Q_1。

③ 接入被测电容器，调小主调电容度盘，使电路再次发生谐振，记下此时的电容度盘数为 C_{s2}，记下此时 Q 表的读数为 Q_2，则该电容器的损耗因数 D_x 为

$$D_x=\frac{1}{Q}=\frac{Q_1-Q_2}{Q_1Q_2}$$

2.3 电感器测量

2.3.1 使用万用表测量电感器

使用万用表测量电感器，大都是为了作出一个判断，即判断这个电感器的好坏。当然也可以使用万用表对电感器进行电压和电流的测量，再通过相关公式计算出电感器的电感量。

1. 使用指针式万用表测量电感器并判断电感器性能

（1）使用指针式万用表对色码电感器进行检测

将万用表置于 R×1 挡，红、黑表笔分别接触色码电感器的任一引出端，此时万用表指针应向右摆动。根据测出的电阻值大小，可具体分为以下三种情况进行鉴别：

① 被测色码电感器的电阻值为零，表明其内部有短路性故障。

② 被测色码电感器直流电阻值的大小与绕制电感器线圈所用的漆包线径、绕制圈数有直接关系，只要能测出电阻值，则可认为被测色码电感器是正常的。

③ 被测色码电感器的电阻值为无穷大，表明其内部有断路性故障。

（2）使用指针式万用表对变压器绕组进行测量和判断

对变压器绕组好坏的检测，应逐一检查各绕组的通断情况，进而判断其是否正常。将万用表置于 R×1 挡，红、黑表笔分别接接触变压器某绕组的两个引出端，此时万用表指针应向右摆动。根据测出的电阻值大小，可具体分为以下三种情况进行判断：

① 变压器被测绕组的阻值为零，表明其内部有短路性故障。

② 变压器被测绕组的阻值不为零，可认为该绕组是正常的，具体阻值大小视绕组的匝数和线圈铜线的直径而定。

③ 变压器被测绕组的阻值为无穷大，表明其内部有断路性故障。

（3）使用指针万用表对变压器绝缘性能的测量和判断

对变压器还应检测各个绕组之间、各绕组与外壳间的绝缘性能。将万用表置于 R×10k 挡，作如下几种状态测试：

① 测量初级绕组与次级绕组之间的电阻值。

② 测量初级绕组与外壳之间的电阻值。

③ 测量次级绕组与外壳之间的电阻值。

上述测试结果会出现三种情况：

① 当测量阻值为无穷大时，绝缘性能正常。

② 当测量阻值为零时，被测绕组之间或者是被测绕组与外壳间有短路性故障。

③ 当测量阻值小于无穷大但大于零时，被测绕组之间或者被测量绕组与外壳间有漏电性故障。

2. 使用指针式万用表测量电感器的电感量

（1）使用指针式万用表测量电感器的挡位来测量电感器的电感量

有些指针式万用表有测量电感器的挡位，但是需要先看清楚刻度上所能读出的电感值范围，再对照一下待测电感器的电感值，以决定能否使用。

以 MF-47 型万用表为例，在表盘上标有 L（H）50Hz 的刻度线，但其所能读出的电感值范围是 20～1000H。显然，一般常用的电感器很少有这么大的电感量，所以这个挡位是很少会被使用的。

但是如果认为电感值的范围合适，也可以使用万用表的这个功能对电感器进行测量。测量步骤如下：

① 使用交流变压器，把市电变压为 10V。

② 把被测电感器串联在交流 10V 电源与万用表间，则在表盘上的 L 刻度线上即可直接读取该电感器的电感值。

（2）利用感抗公式计算电感量

使用指针式万用表测量电感器，再利用感抗公式计算得出电感量。

具体测量步骤如下：

① 首先用万用表的电阻挡测量电感器线圈 L 本身的内电阻，记作 r。

② 拿一个比 r 大 10 倍的电阻器 R 与 L 串联，然后一端接到 220V 电源上，用万用表的交流电流挡测电路里的电流，记作 I。由此可计算出此时 R 和 L 的阻抗为 $Z = 220V/I$。

③ 再用交流电压挡测量出电感器 L 和电阻器 R 上的电压，设为 U_R 和 U_L。根据平行四边形原理，使用公式：

$$U_R / I = X_R$$

$$U_L / I = X_L$$

分别计算出电阻器 R 和电感器 L 的阻抗，设为 X_R 与 X_L。

④ 再根据阻抗公式：$X_L = 2\pi f L$，$f = 50$，就可以计算出电感器的电感量 L。

2.3.2　使用电桥类仪器测量电感器

1. 使用万用电桥测量电感器

使用万用电桥测量电感器时，万用电桥组成麦克斯韦电桥，如图 2.23 所示。当电桥平衡时，下式成立：

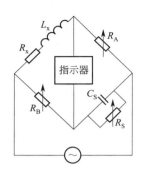

图 2.23 测量电感器时万用
电桥组成麦克斯韦电桥

$$L_x = R_A R_B C_s$$
$$R_x = R_A R_B / R_s$$
$$Q_x = \omega C_s R_s$$

电感器的电感量 L_x 和品质因数 Q_x 的测量可按照以下步骤进行：

① 将测量选择开关打到"L"，估计被测电感器电感量的大小，旋动量程开关到适当的量程位置。

② 根据被测电感器的性质选择损耗倍率开关位置：若是空心电感，将损耗倍率开关置在"$Q \times 1$"位置；测量高 Q 值滤波电感线圈时，将损耗倍率开关置在"$D \times 0.01$"位置；测量铁芯电感线圈时，将损耗倍率开关置在"$D \times 1$"位置。

③ 将被测电感器接在接线柱"Lx"上。将损耗平衡旋钮放在 1 位置，调节灵敏度旋钮，使电表指针略小于满刻度。

④ 反复调节读数旋钮和损耗平衡旋钮，使电表指针往"0"的方向偏转。再将灵敏度旋钮置到足够大的位置，调节读数旋钮和损耗平衡旋钮，使指针指"0"或接近零的位置，此时电桥达到最后平衡。

⑤ 电桥平衡时，被测电感器的电感量 L_x 和品质因数 Q_x 分别为

$$L_x = 量程开关指示值 \times 读数指示值$$
$$Q_x = 损耗倍率指示值 \times 损耗平衡指示值$$

【例 2.6】 用万用电桥测量某空心电感时，量程开关在 100mH 位置，电桥的读数盘示值分别为 0.9 和 0.092；倍率开关在 $Q=1$ 处，损耗平衡旋钮指示值为 25，被测电感器的 L_x 和 Q_x 分别是多少？

解：$L_x = 量程开关指示值 \times 读数指示值 = 100 \times (0.9 + 0.092)\text{mH} = 99.2\text{mH}$

$Q_x = 损耗倍率指示值 \times 损耗平衡指示值 = 1 \times 25 = 25$

2. 使用专用的电感测量仪测量电感器

电感测量仪是一种专用于测量电感器的仪表，也是利用电桥原理组成测量电路。图 2.24 所示是国产 TH2773A 型电感测量仪的外形图。

图 2.24 TH2773A 型电感测量仪的外形图

显然，TH2773A 是一款数字式测量电感器的仪器，具有简单实用的测量和分选功能。此仪器的参数设置简便易行，结果显示直观，可以满足对大批量购买的电感器进行检验和在电感生产线上对电感器进行快速分选的测量要求。

电感测量仪采用标准电感器和被试电感器作为桥式电路的两臂。当进行电感器电感值测量时，测试电压同时施加在标准电感器和被试电感器上，仪器内部的处理器通过传感器采集流过两者的电流信号并进行处理后直接得出被测电感器的电感值。

电感测量仪的测量过程是全自动进行的，避免了手动操作引起的误差，因此具有稳定性好、重复性好、准确可靠的特点。

3. 使用手持式 LCR 数字测量仪测量电感器

LCR 数字测量仪是一款综合性的测量电子元件参数的仪器，可以测量电感器（L）、电容器（C）和电阻器（R），能得到描述元件的各种参数如阻抗 Z、电抗 X、导纳 Y、电导 G、电纳 B、损耗 D、品质因数 Q、相位角 θ 等。LCR 数字测量仪进行测量时，并不直接测量某个元件的单个参数，而是测量其复阻抗，然后按照各参数间的相互关系转换成所需的测量参数。

图 2.25 所示是一款手持式 LCR 数字测量仪的外形图。

手持式 LCR 数字测量仪便于携带，测量精度也能满足电子产品的技术要求，其价格也只有千元左右。

2.3.3　使用高频 Q 表测量电感器

当需要测量电感器在高频电路中的参数时，就需要使用高频 Q 表进行测量。毕竟使用万能电桥测量出来的电感量只适合用在低频电路中。

使用高频 Q 表测量电感器的方法有直接法和替代法两种，频率谐振法属于直接测量方法中的一种简单测量方法。

图 2.25　手持式 LCR 数字
测量仪的外形图

1. 使用频率谐振法求出被测电感器的电感量

用直接测量法测试电感器电感量的电路如图 2.26 所示。

在图 2.26 中，高频 Q 表中的标准电容 C_s 和被测电感 L_x 组成谐振回路，调节振荡电路的输出频率。当高频 Q 表的读数达到最大时，谐振回路达到串联谐振状态。这时振荡电路输出信号的频率 f 将等于测量回路的固有频率 f_0，即

$$f = f_0 = 1/(2\pi\sqrt{L_x C_s})$$

由此可求得电感器的 L_x 值：

$$L_x = 1/4\pi^2 f_0^2 C_s$$

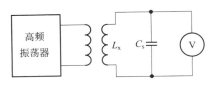

图 2.26　用直接法测试电感量的电路

使用直接测量法测得的电感量是有误差的，因为在上式中还包括了线圈的分布电容和引线电容，而在标准可变电容器的度盘刻度中却不包括这两项电容值，结果会使测试结果为正误差，即测试值小于实际值。

若要消除此项误差，应采用替代测量法进行测量。

2. 使用主调电容度盘读出被测电感器的电感值和品质因数 Q 值

使用主调电容度盘读出被测电感器的电感值和品质因数 Q 值的步骤如下所示。

① 将被测线圈接在仪器顶部"Lx"接线柱上。

② 根据被测线圈的大约电感值，在面板上的"电感、倍率、频率"对照表中选择一标准频率。然后通过频段选择开关和频率度盘，将高频信号调到这一标准频率上。

③ 将微调电容度盘置于"0"上，调节主调电容度盘，使测试回路谐振，则主调电容度盘对应的电感数乘以对照表上所指示的倍率就是被测线圈的电感值。

④ 选择合适的 Q 值挡级；调节"定位零位校正"旋钮使定位表指示为零，调节定位粗调旋钮及定位细调旋钮使定位表指针指到"Q×1"处；调整主调电容度盘使电路远离谐振点，再调节"Q 值零位校正"旋钮使 Q 值表指针指在零点上，最后调解主调电容度盘和微调旋钮使回路谐振，此时 Q 值表指示数为最大，则 Q 值表的示值即为被测电感器线圈的 Q 值。

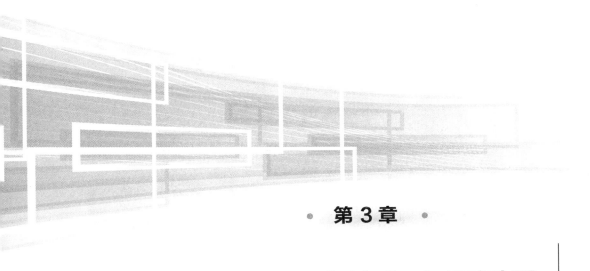

● 第 3 章 ●

⇒ 电流和电压测量

电的作用效果是一目了然的，如灯泡的发光、电炉的发热、电动机的旋转等是看得见摸得到的。但是电的一些参数（如电压、电流和电功率等）虽说也是实实在在地存在着，但确实是用肉眼所不能见到的，只有通过一些电子测量仪器仪表才能将它们显示出来。

电压、电流和功率是表征电信号能量大小的三个最基本参数。在实际的电子测量中，考虑到测量的方便性、安全性和准确性等因素，几乎都用测量电压的方法来测定这三个基本参数。但电流的测量（特别是直流电流的测量）是电压测量的基础，更是制造电子测量仪器的基础。例如直流电压表就是在直流电流表的基础上加上扩展电路而制造出来的。电流和电压的测量是电子测量技术最重要的内容。

▶ 3.1 电流测量

3.1.1 直流电流的测量

直流电流的测量是一种最基本测量，可以采用直流电流表进行直接测量。用来测量直流电流的仪表有许多，最常用的是指针式模拟直流电流表，现在比较普及的是数字式直流电流表。

模拟式直流电流表是以指针的偏转角度来表示出被测电流量的大小。图 3.1 所示就是两款指针式直流电流表的实物图，图 3.1（a）是微安级直流电流表，图 3.1（b）是安培级直流电流表，可以分别用于测量不同数量级的直流电流。

现代的直流电流表几乎都是数字式电流表，直接以数字来表示出被测电流量的大小，可以大大减小读数带来的误差。图 3.2 所示就是一款数字式多用电表的实物图。从图中可

(a) 微安级直流电流表

(b) 安培级直流电流表

图 3.1　指针式直流电流表的实物图

以看出，这款数字电表不但能测量电流，还能测量电压、功率和电量，是一款名副其实的多用表。

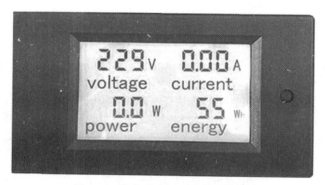

图 3.2　数字式多用电表的实物图

1.　用模拟式直流电流表测量直流电流

常用的直流电流表属于磁电式结构，由活动线圈、游丝和永久磁铁等组成。在活动线圈框架的转轴上固定一个指针，当线圈中流有电流时，在永久磁铁产生的磁场作用下，活动线圈受力发生偏转，带动固定指针发生偏转，指针偏转的角度与通过线圈电流的大小成正比，从而就指示出电流的大小。

磁电式直流电流表容许通过的电流很小，只能直接测量微安级或者是毫安级的电流，一般设计为 $50\mu A$ 到 $5mA$ 的量程。当需要测量较大的电流时，就需要在表头两端并联一个分流电阻（称作分流器），如图 3.3 所示，这样就扩大了测量电流的量程。

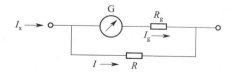

图 3.3　带分流器的电流表电路

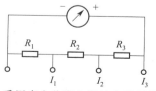

图 3.4　采用多个分流电阻扩大量程的电流表

在图 3.3 中，被测电流的一部分或大部分通过分流电阻形成回路，而只有可允许的小部分电流通过表头。当需要扩大的量程比较多时，可以采取图 3.4 所示的电路采用多个分流电阻，以保证流过表头的电流不超过表头所允许的电流范围。

　　模拟式直流电流表具有不需要电池驱动、显示比较直观、性能比较稳定等优点，但也存在着读数误差大、表头容易损坏等缺点，所以现代的电流测量仪器逐步被数字式电流表所取代。图 3.5 所示是一款 $4\frac{1}{2}$ 位数字式电流表的实物图。

图 3.5　$4\frac{1}{2}$ 位数字式电流表的实物图

2. 用数字式万用表测量直流电流

　　数字式万用表采用电子技术检测直流电流。当数字式万用表选择在直流电流挡时，数字式万用表仅相当于一个采样电阻 R_N（不同的电流量程，R_N 的值是不同的），测量直流电流时，电流流过电阻 R_N，在电阻 R_N 两端就产生电压，电压的大小遵从欧姆定律：$U_i = IR_N$。

　　将电压 U_i 作为采样信号，经过预处理电路进行放大整理后送给 A/D 转换器进行量化，在数字式万用表内部微处理器的控制下，对数据进行计算可求得对应被测电流的值，然后在液晶显示器或数码管上直接显示出被测电流的数值。

　　数字式万用表测量电流的原理框图如图 3.6 所示。

图 3.6　数字式万用表测量电流的原理框图

3.1.2　交流电流的测量

　　测量交流电流前需要区分是低频电流还是高频电流，因为测量这两种电流所需要使用的仪器仪表是不同的。低频电流的频率一般在几千赫以下，用得最多的是对工频（50Hz）电流的测量，其特点是测量的电流值较大，可达几十安到数千安。频率在几千赫以上甚至高达几兆赫的电流属于高频电流，一般用在电子技术领域，要测量的电流值不会太大，多为毫安级。

1. 低频交流电流的测量

对于工频和低频交流电流的测量，其方法完全类同于直流电流的测量，区别仅仅在于测量时先对交流电进行整流，将其转换为直流电后再进行测量。以磁电式万用表为例，在其测量交流电流挡的电路中比测量直流电流挡的电路增加了一个二极管整流电路，如图 3.7 所示。被测交流电流经过二极管后被整流成直流电流，再经过直流表头通过指针偏转进行电流大小的指示。

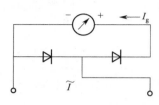

图 3.7 通过整流实现对交流电流的测量

2. 高频交流电流的测量

在高频情况下，电子元件的特性是以分布参数的形式来表现的，其分布电感与分布电容均不可忽略，想通过类似于测量低频电流的方式进行准确检测几乎是不可能的。比如使用指针式万用表的电流挡或者电压挡去测量音频信号的电流或者电压，会发现测量的结果与使用示波器测量的结果大相径庭。

（1）测量电流比较大的高频电流

测量电流比较大的高频电流（例如对用于炼钢的高频电炉进行电流测量）时，可以采用热电偶电表进行测量。这种测量方法的原理是：当电流比较大的高频电流流过导体时，导体会发热而导致温度上升，因此可以通过检测与电流比较大的高频电流密切相关的温度的大小，间接地检测出高频电流的数值。采用热电偶电表测量高频电流的原理图如图 3.8 所示。

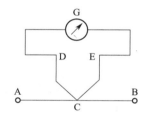

图 3.8 采用热电偶电表测量高频电流的原理图

在图 3.8 中，AB 为高频大电流流过的金属导体，由于电流的热效应，使导体 AB 的

图 3.9 热电偶电流表的外形图

温度上升。DCE 是一热电偶，在 DE 之间接有一个磁电式电流表，C 点焊接在导体 AB 上。当导体 AB 因电流通过而温度上升时，C 点的温度也上升。CD 和 CE 是由两种热电特性不同的材料做成的导体，在 DE 之间由于温差的存在而产生热电动势，这样在整个测量电路中就产生了电流，使电流表 G 的指针发生偏转，间接地指示了导体 AB 中流过的高频电流的大小。图 3.9 所示就是一款热电偶电流表的外形图。

（2）测量电流比较小的高频电流

如果需要对电流比较小的高频信号进行测量，采用热电偶电表的测量方法就不适用了，而应该采用电子毫伏表来进行测量（电子毫伏表的测量方法在后面会详细介绍）。

▶ 3.2　电压测量

3.2.1　直流电压的测量

测量直流电压的仪表称为直流电压表。

1. 使用指针式直流电压表测量直流电压

直流电压的测量是将指针式直流电压表的两个表笔直接跨接在被测电压的两端，在直流电压表的表盘上直接读出被测电压的值。因此，电压测量是一种最简便的电参数测量，其测量过程如图 3.10 所示。

传统的直流电压表大都是指针式，图 3.11 所示是一款指针式直流电压表的外形图。

现代的直流电压表大都是数字式，图 3.12 所示是一款数字式直流电压表的外形图。

需要注意的是，使用指针式直流电压表测量时要正确使用表笔，将红表笔接触到被测电压的高电位，将黑表笔接触到被测电压的低电位，否则电压表的指针会反向偏转，甚至会将指针打弯。

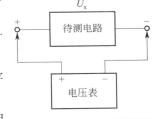

图 3.10　直流电压的测量

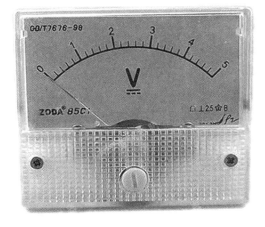

图 3.11　指针式直流电压表的外形图

图 3.12　数字式直流电压表的外形图

实际上指针式直流电压表是在直流电流表的基础上加以扩展而来的。将分压电阻与表头相串联，选择适当的分压电阻，对应标出相应电压的刻度，即组成了直流电压表。直流电压表的组成如图 3.13 所示。

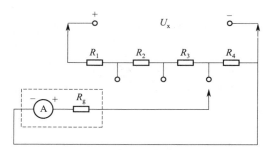

图 3.13　直流电压表的组成

2. 使用数字式直流电压表测量直流电压

使用数字式直流电压表测量时无所谓正确使用表笔，如果红表笔接触到被测电压的高电位，黑表笔接触到被测电压的低电位，则显示的数字是正值；当红表笔接触到被测电压的低电位，黑表笔接触到被测电压的高电位，则显示的数字是负值。

直流电压表测量原理和直流电流表测量原理是相同的。区别仅在于直流电流表的表头内阻较小，测量时可直接串接于被测电路中；而直流电压表的表头内阻很大，测量时需要并联在被测电路的两端。

3.2.2　交流电压的测量

交流电压的测量与直流电压的测量相类似，不同点是先将交流电整流成直流电后再进行测量。交流电压的大小，一般由峰值、平均值和有效值来表征。所以，测量不同的交流电压参数，还需配置相应的转换器，如图 3.14 所示。

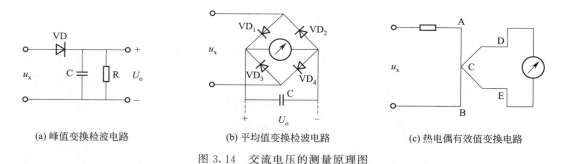

(a) 峰值变换检波电路　　　　　(b) 平均值变换检波电路　　　　　(c) 热电偶有效值变换电路

图 3.14　交流电压的测量原理图

1. 使用交流电压表测量交流电压

传统的交流电压表大都是指针式，在一些地方至今还在广泛使用。图 3.15 所示是一款指针式交流电压表的外形图。

现代的交流电压表大都是数字式，图 3.16 所示是一款数字式交流电压表的外形图。从图中可以看出，这款数字式交流电压表还能测量交流电流。

图 3.15 指针式交流电压表的外形图　　　　图 3.16 数字式交流表的外形图

2. 描述交流电压的基本量

交流电压的表示有多种，常用的描述交流电压的基本量有平均值（$\overline{U}$）、峰值（U_P）、有效值（U）等。

（1）平均值（$\overline{U}$）

平均值简称为均值，是指波形中的直流成分，所以纯交流电压的平均值为零。为了进一步表示交流电压的大小，交流电压的平均值特指交流电压经过均值检波后波形的平均值，它分为半波平均值 $\overline{U}_{\frac{1}{2}}$ 和全波平均值 $\overline{U}$。

通常，在无特别注明时，纯交流电压的平均值一般都是指全波平均值 $\overline{U}$。

（2）峰值（U_P）

交流电压的峰值是指交流电压在一个周期内或一段时间内以零电平为参考基准的最大瞬时值，记为 U_P，分为正峰值 U_{P+} 和负峰值 U_{P-}。经常用到的交流电压峰值表征量还有峰峰值 U_{P-P}。

在一般情况下，正峰值 U_{P+} 和负峰值 U_{P-} 并不相等，峰值与振幅值 U_m 也不相等，这是因为振幅值是以电压波形的直流成分为参考基准的最大瞬时值，如图 3.17 所示。

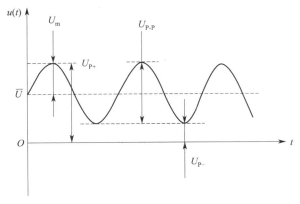

图 3.17 交流电压的峰值及振幅值

（3）有效值（U）

通常所说的交流电压的大小是指它的有效值 U。有效值又称为均方根值，是根据它的物理定义来确定的。有效值的物理意义为：若某一交流电压 u(t) 在一个周期内通过纯阻负载所产生的热量，与一个直流电压 U 在同样情况下产生的热量相等，则 U 的数值即为 u(t) 的有效值。

在实际测量中，有效值是应用最广泛的参数。比如，一般交流电压表的读数除特殊情况外，几乎是按正弦波的有效值进行设定的。此外，有效值能直接反映出交流信号能量的大小，这对于研究交流信号的功率、噪声、失真度、频谱纯度、能量转换等是十分重要的；另一方面，有效值具有十分简单的叠加性质，计算起来极为方便。

交流电压的量值可用平均值、峰值和有效值等多种形式来表示。采用的表示形式不同，其数值也不相同。但是平均值、峰值和有效值所反映的是同一个被测量，所以这些数值之间必然有着相互关系。

3. 高频交流电压的测量

当交流电的频率不是 50Hz 而是比较高的频率时，需要采用专门的电压表来进行测量，这样测量出来的数值才有实际意义。能测量高频交流电压的仪器称为电子毫伏表，也称为交流毫伏表。

电子毫伏表是一种专门测量交流电压的仪器。之所以称为电子毫伏表，是因为其基本量程是以毫伏为单位的，而一般电压表的量程是以伏为单位的。一般的电压表或者万用表只能测量频率为 50Hz 的交流电压，而电子毫伏表可以测量频率为 20Hz～500MHz 的交流电压。

电子毫伏表也分为指针式和数字式两种。图 3.18 所示是一款指针式电子毫伏表的外形图。

图 3.19 所示是一款数字式电子毫伏表的外形图。

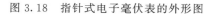

图 3.18　指针式电子毫伏表的外形图　　　图 3.19　数字式电子毫伏表的外形图

（1）用指针式电子毫伏表测量高频交流电压

YB2173 型晶体管毫伏表是目前应用比较广泛的测量频率为 20Hz～1MHz 正弦波信号的电压表。YB2173 型晶体管毫伏表的面板图如图 3.20 所示。

① YB2173 型晶体管毫伏表的主要技术指标如下。

a. 测量信号的频率范围：20Hz～1MHz。

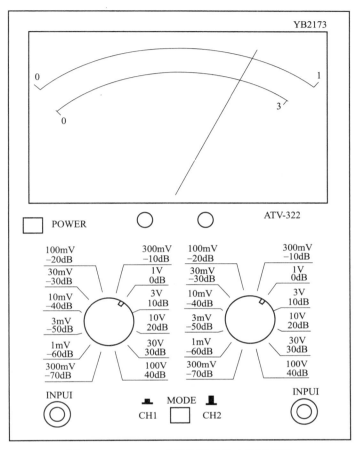

图 3.20　YB2173 型晶体管毫伏表的面板图

b. 测量信号的电压范围：1mV～100V，分十一挡，即 1/3/10/30/100/300mV 和 1/3/10/30/100V。

c. 测量误差：20Hz～100kHz 时，≤±3%；20Hz～1MHz 时，≤±5%。

d. 输入阻抗：对于输入电阻，在 1kHz 时，约 1.5MΩ。

对于输入电容，从 1mV 到 0.3V 挡，约 70PF；从 1V 到 100V 挡，约 50PF。

② 使用 YB2173 型晶体管毫伏表测量前需要做一些准备工作，未通电前，先对电表指针进行机械零点校正。在仪器通电 2～3min 后，将"测量范围"旋转开关转至被测量信号所需的挡位上，然后把两输入端短接，调节"零位调整"电位器，使电表的指针指零。

③ YB2173 型晶体管毫伏表在测量时的具体操作方法如下。

a. 将毫伏表水平放置在桌面上，检查电源电压，将电源线插入交流插孔。在未接通电源时先进行机械调零，即调节表头上的机械零位调整器，使表的指针对准零位。量程开关应置于最大量程处。然后接通电源，预热几分钟后再进行电气调零。

b. 打开电源，将输入信号由输入端口（INPUT）送入电压表。输入信号时应注意信号的极性，先将地线（低电位线）连通，再接高电位线。否则，当手触及输入端子时，交流电通过电压表与人体构成通路，易打坏指针。有些毫伏表的输入端采用同轴电缆，电缆的外层为接地线。为安全起见，在测量毫伏级的电压时，在接线时最好将量程开关置于低灵敏度挡（即伏特挡）；当接线完毕后，再将量程开关置于所需的量程。为避免外部环境的干扰，测量导线尽可能短，最好选用屏蔽线。

　　c. 选择量程。凡是多量程电压表在使用时都有一个选择合适量程的问题。所谓"合适"是指在测量时，指针应指在满度的 2/3 左右。当被测电压的范围不知道时，应将量程开关放到量程最大的挡位上，逐渐降低量程直至合适为止，以免打坏指针。

　　d. 根据指针位置和量程挡位读数，记下所测的电压值。

　　e. 测量完毕，拆除连线时应首先拆高电位线，然后拆除低电位线，最后将量程开关置于最大量程处。

　　需要注意的是，当改变毫伏表的量程时，需要重新进行电气调零。YB2173 型电子毫伏表在小量程挡时，由于环境噪声的干扰，指针会出现微微抖动的现象，这是正常的。

　　电子毫伏表的读数也很有讲究，当量程开关置于 10mV、100mV、1V 挡时，要从满刻度为 10 的上刻度盘读数；当量程开关置于 30mV、300mV、3V 等挡时，要从满刻度为 30 的下刻度盘读数。刻度盘的最大值（即满量程值）为量程开关所处挡的指示值。如量程开关置 1V，则上刻度盘的满量程值就是 1V。这样的读数比较准确。

　　（2）使用智能数字化电子毫伏表测量高频交流电压

　　现在生产的智能数字化电子毫伏表是比较高级的测量高频交流电压的仪器，它一般采用液晶或者数码管进行数字显示，其技术指标比模拟式电子毫伏表大大提高。

　　① WY1971D 型智能数字化毫伏表的面板。WY1971D 就是一款智能数字化毫伏表，能测量频率从 5Hz～2MHz 的正弦波电压有效值和相应电平值，电压测量范围为 $30\mu V$～1000V，分辨率为 $0.1\mu V$，是目前国内生产此类产品的最高水平。

　　WY1971D 配有液晶（LCD）显示屏，采用菜单式显示多参数，可实现量程自动调整。

　　WY1971D 型智能数字化毫伏表的外形和面板图如图 3.21 所示。

图 3.21　WY1971D 智能数字化毫伏表的外形和面板图

　　② WY1971D 型智能数字化毫伏表的特点如下：

　　a. 五位 LCD 数显电压值，最高分辨率为 $0.1\mu V$。

　　b. LCD 四位数显 dB 值，分辨率为 0.01dB。

　　c. 测量范围宽：$30\mu V$～1000V。

　　d. 频率响应宽：5Hz～2MHz。

　　e. 输入高阻抗：≥10MΩ/30pF。

　　f. 测量高精度：0.5%±5 个字。

g. 自动/手动量程控制。

③ WY1971D 型智能数字化毫伏表的操作方法：WY1971D 型智能数字化毫伏表是基于 CPU 控制的智能数字化仪器，能实现量程自动转换，所以在操作时，只要将两个探头接在被测电极上，就能从显示屏上直接显示被测量信号的参数，使用非常方便。

3.3　使用数字式电压表测量电压

数字式电压表简称 DVM，它是采用数字化测量技术，把电压转换成数字形式并加以显示的仪表。传统的指针式电压表功能单一，精度低，读数不方便，不能满足数字化时代的需求。采用单片机的数字式电压表具有精度高、抗干扰能力强、可扩展性强、集成方便以及可与 PC 进行实时通信等优点。

目前，由各种单片 A/D 转换器构成的数字式电压表，已被广泛用于电子及电工测量、工业自动化仪表、自动测试系统等智能化测量领域，显示出强大的生命力。

3.3.1　数字式电压表的主要性能

1. 量程扩展

数字式电压表的量程以基本量程（即未经衰减和放大的量程）为基础，再和输入通道中的步进衰减器及输入放大器适当配合，向两端扩展量程。量程的转换有手动和自动两种，自动转换量程是借助于内部的逻辑控制电路来实现的。

2. 显示位数

数字式电压表的位数指完整显示位，即能显示 0～9 十个数码的那些位，因此最大显示为 9999 和 19999 的数字电压表都称为 4 位数字电压表。但是为了区分起见，也常把最大显示为 19999 的数字电压表称作位 $4\frac{1}{2}$ 位数字电压表。图 3.22 所示是一款 $3\frac{3}{4}$ 位交流数字式电压表的外形图，显然这款电压表也可以测量交流电流。

图 3.22　$3\frac{3}{4}$ 位交流数字式电压表的外形图

3. 超量程能力

超量程能力是指数字式电压表所能测量的最大电压超过量程值的能力，它是数字式电压表的一个重要指标。数字式电压表有无超量程能力，要根据它的量程分挡情况及能够显示的最大数字情况来决定。

显示位数全部是完整位的数字式电压表没有超量程能力。带有 1/2 位的数字式电压表，如果按 2V、20V、200V 分挡，也没有超量程能力。

带有 1/2 位并以 1V、10V、100V 分挡的数字式电压表，才具有超量程能力。如 $5\frac{1}{2}$ 位的数字式电压表，在 10V 量程上最大显示为 19.9999V 电压，有 100% 的超量程。

4. 分辨力

数字式电压表的分辨力是指能够显示输入电压最小变化值的能力，即显示器的末位读数跳一个单位所需的最小电压变化值。数字式电压表在不同的量程上，其分辨力是不同的。在最小量程上，数字式电压表具有最高的分辨力。

5. 测量误差

测量误差是指数字式电压表在额定工作条件下的测量误差，以绝对值的形式给出。

6. 输入电阻和输入偏置电流

数字式电压表的输入电阻一般不小于 $10M\Omega$，高准确度数字式电压表的输入电阻可大于 $1000M\Omega$。数字式电压表在基本量程时具有最大的输入电阻。

输入偏置电流是指由于仪器内部产生的表现于输入端的电流，该电流越小越好。

7. 抗干扰特性

干扰可以分为差模干扰和共模干扰。一般数字式电压表的差模干扰抑制比可达 $50\sim90$dB，共模干扰抑制比可达 $80\sim150$dB。

8. 测量速度

测量速度是指数字式电压表在单位时间内以规定的准确度完成的最大测量次数，一般为每秒几次或几十次不等。测量速度越大的仪表，其测量误差也越大。

3.3.2 数字式电压表的组成

1. 数字式电压表的组成框图

数字式电压表的组成框图如图 3.23 所示，主要由模拟电路部分和数字电路部分组成。模拟电路部分包括输入电路（如阻抗变换器、放大器和量程转换器等）和 A/D 转换器。A/D 转换器是数字式电压表的核心，承担将模拟量转换为数字量的任务。数字式电压表的技术指标如准确度、分辨力等主要取决于 A/D 转换器这一部分电路的特性。

数字式电压表的数字电路部分包括逻辑控制、译码（将二进制转换成十进制）和数字显示电路。

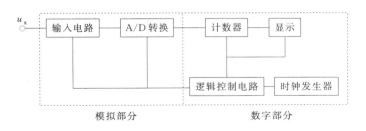

图 3.23　数字式电压表的组成框图

2. 数字式电压表的类型

数字式电压表的类型主要有以下几种。

① 数字式电压表按用途可分为直流数字式电压表、交流数字式电压表。

② 数字式电压表按 A/D 转换器的工作方式可分为比较式数字电压表、积分式数字电压表和复合式数字电压表。

比较式 A/D 转换器是采用将输入模拟电压与离散标准电压相比较的方法进行 A/D 转换。比较式 A/D 转换器构成的数字式电压表测量速度快，电路比较简单，但抗干扰能力差。

积分式 A/D 转换器是一种间接转换形式，它首先对输入的模拟电压进行积分，然后将其转换成某个中间量如时间 T 或频率 F，最后通过计数器将中间量时间 T 或频率 F 转换成数字量。积分式 A/D 转换器构成的数字式电压表抗干扰能力强，但测量速度比较慢。

复合式数字电压表是将积分式与比较式 A/D 转换结合起来的一种类型。随着电子技术的发展，新的 A/D 转换原理和器件不断涌现，推动数字式电压表的性能不断提高。图 3.24 所示是一款 5 位直流数字式电压表的外形图。

图 3.24　5 位直流数字式电压表的外形图

3. 数字式电压表的操作步骤

（1）数字式电压表在测量电压前的准备工作

数字式电压表数在使用前，必须进行调零。DS-26A 型数字式电压表是一款双积分式数字电压表，其调零的操作步骤是：首先接通电源开关，将信号输入端短路，若显示值为零，则表示仪器处于正常工作状态，然后按要求进行预热。

当输入端短路时显示值不为零，则必须进行零点调节。

在 5V 量程挡，调节调零旋钮，使显示器显示±0.0000V；在 0.5V 量程挡，调节调零旋钮，使显示器显示±00000V；若在 50V 量程挡的显示不为零，则需打开数字式电压表的后盖，调节 50V 量程挡的零点调节电位器，使显示为零。

以上步骤应反复调节，使 3 个量程挡在输入端短路时的显示均为零，调零工作才告结束。

（2）数字式电压表在测量电压前的校准

数字式电压表数在使用前，还必须进行校准。校准是对仪器的测量数值进行校正。DS-26A 型数字式电压表的校准工作分为 5V 量程挡和其他量程挡的校准。下面介绍 5V 量程挡的校准方法，其校准的操作步骤是：

首先将量程开关旋至 5V 挡，将面板上的"低"端与"屏蔽"端短接。接着将标准电源正向接入电压表，即将电源的低电位端与面板上的"低"端相连接，将电源的高电位端与面板上的"高"端相连接。调节前面板上的"＋校准"旋钮，使电压表的显示值与标准电源的电压值相同。然后将标准电源反向接入电压表，即将电源的低电位端与面板上的"高"端相连接，将电源的高电位端与面板上的"低"端相连接。调节前面板上的"－校准"旋钮，使电压表显示的负值与标准电源的电压值相同。

（3）数字式电压表测量电压的操作步骤

① 选择正确的连线方式。为了正确地测量直流电压值，应根据被测电压的不同情况采用不同的连线方式。

如果被测电压是接地电压（即被测电压的一端接地），需要将面板上的"低"端与"屏蔽"端短接后与被测电压的低端相连接，面板上的"高"端与被测电压的高端相连接。

如果被测电压是浮置电压（即被测电压的两端都不接地），需要将面板上的"高"端、"低"端分别与被测电压的高端、低端相连接，面板上的"屏蔽"端要与被测信号电路的接地点相连接。

② 选择合适的采样方式和测量速率。DS-26A 型数字式电压表的自动采样速率共分两挡。若需要进行精确、稳定的测量，需采用 100ms 挡，将"储存-连续"开关拨至"储存"位置；若需要进行快速测量，需采用 20ms 挡，将"储存-连续"开关拨至"连续"位置。

使用"手动"采样旋钮可进行手动采样。

③ 选择合适的量程。在接入被测信号前，应根据信号的预计大小，选择数字式电压表的合适量程。如果被测信号的大小无法估计，则应先选择最高挡量程。若在测量时，发现指示值太小，则应降低量程；若在测量时，发现指示值太大，则应增大量程。最后在合适的量程挡记下读数。

3.4 使用万用表测量电压

一般的万用表可测量直流电流、直流电压、交流电压、电阻和音频电平等，有的万用表还可以测交流电流、电容量、电感量、温度及半导体二极管和三极管的一些参数。

3.4.1 使用指针式万用表测量电压

1. 指针式万用表的组成

指针式万用表由指针式表头、测量电路及选择开关等三个主要部分组成，还有两支表笔。万用表的表笔分为红、黑二支，使用时应将红表笔插入标有"＋"号的插孔，黑表笔插入标有"－"号的插孔。

指针式万用表内一般有两块电池，专用于在电阻挡使用。一块是2号电池，电压是1.5V；另一块是层叠电池，电压是9V，专门用于R×10k挡。

将万用表打在电阻挡时，用R×1挡，可以使扬声器发出响亮的"哒哒"声；用R×10k挡甚至可以点亮发光二极管（LED）。

在表头上还设有机械零位调整旋钮和电气调零调整旋钮。其中，机械零位调整旋钮用以校正指针在最左端的零位，电气调零调整旋钮用以在测量电阻时校正指针在最右端的零位。万用表的选择开关是一个多挡旋转开关，其作用是用来选择各种不同的测量电路，以满足不同种类和不同量程的测量要求。旋转开关一般是一个圆形拨盘，在其周围分别标有测量功能和量程。

2. 指针式万用表的刻度线

指针式万用表的表头就是一只高灵敏度的磁电式直流电流表。在表头上的表盘上印有多种符号、刻度线和数值。符号A-V-Ω，表示这只万用表是可以测量电流、电压和电阻的多用表。

表头上有四条刻度线，它们的功能如下：

第一条刻度线（从上到下）标有R或Ω，指示的是电阻值。转换开关在电阻挡时，即读此条刻度线。电阻刻度线的右端为零，左端为∞，刻度值分布是不均匀的。

第二条刻度线标有"～"和VA，指示的是交流电压、直流电压和直流电流值共用的刻度线。当转换开关在交流电压、直流电压或直流电流挡，量程在除交流10V以外的其他位置时，即读此条刻度线。

第三条刻度线标有10V，指示的是10V的交流电压值。当转换开关在交流电压、直流电压挡，量程在交流10V时，即读此条刻度线。

第四条刻度线标有dB，指示的是音频电平。

3. 指针式万用表的测量电路

测量电路是用来把各种被测量转换到适合表头测量微小直流电流的电路，它由电阻、半导体元件及电池组成。测量电路能将电流、电压、电阻等被测量经过一系列处理（如整流、分流、分压等），统一变成一定量限的微小直流电流，再送入表头进行测量。

在万用表的测量项目中，直流电流、直流电压、交流电压、电阻四个测量项目又分别细划为几个不同的量程以供选择，可以使测量的精度更高。

4. 使用MF-47型万用表测量电压

测量电压前需要先做的准备工作是机械调零，调节表盘上的机械调零螺钉，使指针对准最左端的零位刻度线。然后将红表笔插入标有"＋"符号的插孔，将黑表笔插入标有"-"符号的插孔，再根据不同的被测物理量，将转换开关旋转至相应的测量位置。合理选择量程的标准是：测量电流和电压时，应使指针偏转至满刻度的1/2

或 2/3 以上。

测量直流电压时,应将红表笔接电路的高电位、黑表笔接电路的低电位。若无法区分电路的高低电位,应先将一支表笔接一端,用另一支表笔断续式触碰另一端,若指针反偏,则说明表笔接反。

在测量高电压(500～2500V)时,测量人员应戴上绝缘手套、站在绝缘垫上进行,并且必须使用专用的高压测量表笔,将其插在专用的测量高压插孔中。

3.4.2　使用数字式万用表测量电压

数字式电压表的量程范围宽、测量精度高,测量速度快,不但以数字形式直接显示测量结果,还能向外输出数字信号,可与其他存储、记录、打印设备相连接。

数字式电压表的输入阻抗很高,一般可达 10MΩ 左右。目前数字式电压表已经广泛用于仪表的校准及自动化测量中。

1. 数字式万用表的组成

数字式万用表由液晶式显示器、测量电路及选择开关等三个主要部分组成,还有两支表笔。数字式万用表的表笔也是红、黑二支,使用时应将黑色表笔插入标有"COM"的插孔中,红色表笔则有三个插孔可选择:20A、mA 和 VΩ,分别用于测量大电流、小电流、电压和电阻。如图 3.25 所示,清楚地显示了数字式万用表的四个插孔。

图 3.25　数字式万用
表的四个插孔

数字式万用表使用一块层叠电池(6V 或 9V)供电,若没有电池,数字式万用表是不能工作的。指针式万用表在没有电池的情况下,还可以测量电压和电流。

数字式万用表的表头是一块液晶显示器,在液晶显示器的背后还有一个 A/D 转换芯片和一些外围电子元件。液晶显示器的位数决定了万用表的精度。常用的 A/D 转换芯片有 L7106(用于 $3\frac{1}{2}$ 位数字式万用表)和 L7129(用于 $4\frac{1}{2}$ 位数字式万用表)。

数字式万用表的测量过程是:首先由转换电路将各种被测量转换成直流电压信号,接着由 A/D 转换器将直流电压转换成数字量,然后通过电子计数器对其计数,最后把测量结果用数字直接显示在液晶显示屏上。

数字式万用表的选择开关也是一个多挡位的旋转开关,其作用是用来选择各种不同的测量电路,以满足不同种类和不同量程的测量要求。选择开关一般是一个圆形拨盘,在其周围分别标有功能和量程。

在数字式万用表的测量项目中,电流、电压、电阻三个测量项目又分别细划为多个不同的量程以供选择,可以使测量的精度更高。

在数字式万用表中,电流、电阻的测量都是基于对电压的测量,也就是说数字式万用表是在数字式直流电压表的基础上扩展而成的。

2. 数字式万用表的种类

数字式万用表按照量程转换的方式来分类，可划分为手动量程（MAN RANGZ）、自动量程（AUTO RANGZ）和自动/手动量程（AUTO/MAN RANGZ）。

根据功能、用途及价格的不同，数字式万用表大致可分为低挡数字式万用表（亦称普及型数字式万用表）、中挡数字式万用表、中/高挡数字式万用表、数字/模拟混合式万用表、数字/模拟双显示万用表和示波万用表（将数字式万用表和数字存储示波器等功能集于一身）。

3. 数字式万用表的测试功能

数字式万用表不仅可以测量直流电压（DCV）、交流电压（ACV）、直流电流（DCA）、交流电流（ACA）、电阻（Ω）、二极管正向压降（VF）、三极管发射极电流放大系数（hfe），还能测电容量（C）、电导（ns）、温度（T）、频率（f），并增加了用以检查线路通断的蜂鸣器挡（BZ）、采用低功率法测电阻挡（L0Ω）。有的数字式万用表还具有AC/DC自动转换功能、电感挡自动转换量程、电容挡自动转换量程等功能。有的数字式万用表还可以测量温度和频率（在一个较低的范围），并且自身带有信号发生器。

有些高挡数字式万用表还增加了一些新颖实用的测试功能，比如读数保持（HOLD）功能、逻辑测试（LOGIC）功能、真有效值（TRMS）测量功能、相对值测量（RELΔ）功能和自动关机（AUTO OFF POWER）功能等。

但数字式万用表由于内部结构采用了集成电路，所以其过载能力较差，一旦损坏后也不易修复。另外数字式万用表的输出电压较低（通常不超过1V）。对于一些具有电压特殊特性元件的测试不太方便，比如测量晶闸管和测量发光二极管等。而指针式万用表的输出电压较高，输出电流也大，可以方便地测试晶闸管和发光二极管等，这也是指针式万用表到现在还在使用的原因。

对于初学者来说，应当先学习使用指针式万用表，对于非初学者应当使用指针式万用表和数字式万用表两种仪表。

4. 使用 DT-830 型数字式万用表测量电压

DT-830 型数字式万用表是普及型 $3\frac{1}{2}$ 位袖珍式液晶显示数字式万用表。图 3.26 所示是 DT-830 型数字式万用表的面板图。

DT-830 型数字式万用表的前后面板上包括液晶显示器、电源开关、量程选择开关、hfe插口、输入插孔和电池盒，使用一节 9V 的层叠电池供电。

DT-830 型数字式万用表采用 FE 型大字号液晶显示器，最大显示值为"1999"或"－1999"，且具有自动调零和自动显示极性功能。如果被测电压或者电流的极性为负，就会在显示值的前面出现负号："－"。当叠层电池的电压低于 7V 时，在显示屏的左上方会显示低电压指示符号。信号超量程时会显示"1"或"－1"，视被测量信号的极性而定。显示数字中的小数点由量程选择开关进行同步控制，使小数点自动进行左移或

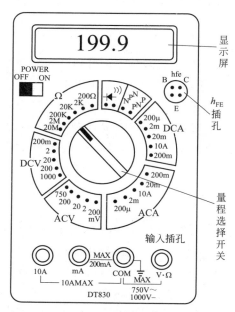

图 3.26　DT-830 型数字式万用表的面板图

者右移。

电源开关位于 DT-830 型数字式万用表面板的左上方，标有字母"POWER"（电源）字样，下边注有"OFF（关）"和"ON（开）"。把电源开关拨至"ON"，即接通电源，可使用仪表进行测量。测量完毕后，应将开关拨到"OFF"的位置，以免空耗电池。DT-830 采用 9V 层叠电池供电，总电流约为 2.5mA，整机功耗为 17.5～25mW，一节层叠电池可连续工作 200h，或断续使用一年左右。

DT-830 型数字式万用表的量程选择开关为 6 刀 28 掷，可同时完成测量功能和量程的选择。

DT-830 型数字式万用表共有"10A""mA""COM""V·Ω"四个插孔。黑表笔应该始终插在"COM"孔内，红表笔则应根据具体的测量对象插入不同的孔内。在 DT-830 型数字式万用表的面板下方，还有"10AMAX""MAX200mA"和"MAX750～1000V"标记，前者表示在对应的插孔间所测量的电流值不能超过 10A 或 200mA；后者表示被测的交流电压值不能超过 750V，被测的直流电压值不能超过 1000V。

DT-830 型数字式万用表的电池盒位于后盖的下方。在标有"OPEN"（打开）的位置，按箭头指示方向拉出活动插板，即可更换电池。为了检修方便，电路中的 0.5A 快速熔丝管"FUSE"也装在电池盒内。

使用 DT-830 型数字式万用表测量电压时，先将红表笔插入"V·Ω"孔内，合理选择直流或交流挡位及电压量程，再将 DT-830 型数字式万用表的两支表笔与被测电路并联，即可进行测量。

注意选择合适的量程（不同的量程，其测量精度不同），不要用高量程挡去测量小电压，否则将会出现较大的误差。

3.5　使用示波器测量电压

使用示波器测量电压有独特之处，就是它可以测量出各种波形的电压幅度，包括测量脉冲信号和各种非正弦波信号的电压幅度。更有意义的是，它可以测量出脉冲波形各部分的电压值，如上冲量、顶部下降量等。这里以 YB4320 型双踪四迹示波器为例，说明使用示波器测量电压的方法和步骤。

3.5.1　YB4320 型双踪四迹示波器

YB4320 型双踪四迹示波器的面板图如图 3.27 所示。

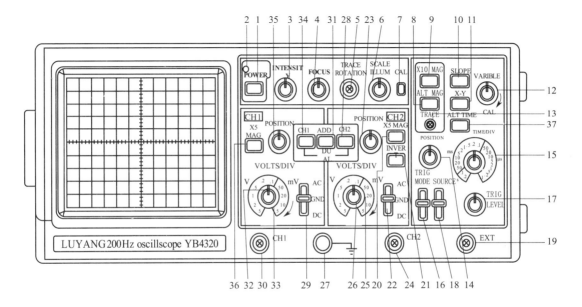

图 3.27　YB4320 型双踪四迹示波器的面板图

1—电源开关；2—电源指示灯；3—亮度旋钮；4—聚集旋钮；5—光迹旋转按钮；6—刻度照明旋钮；
7—校准信号开关；8—交替扩展控制键；9—扩展控制键；10—触发极性按钮；11—X-Y 控制键；
12—扫描微调控制键；13—光迹分离控制键；14—水平位移旋钮；15—扫描时间因数选择开关；
16—触发方式选择开关；17—触发电平钮；18—触发极性选择开关；19—触发输入端；20—CH2 信号放大 5 倍按钮；21—CH2 极性开关；22—CH2 耦合选择开关；23—CH2 垂直位移旋钮；24—CH2 输入端；
25—CH2 垂直微调旋钮；26—CH2 衰减器开关；27—接地柱；28—CH2 选择按钮；29—CH1 耦合选择开关；
30—CH1 输入端；31—叠加按钮；32—CH1 垂直微调旋钮；33—CH1 衰减器开关；34—CH1 选择按钮；
35—CH1 垂直位移旋钮；36—CH1 信号放大 5 倍按钮；37—交替触发按钮

3.5.2　使用 YB4320 型双踪四迹示波器测量电压

1. 使用 YB4320 型双踪四迹示波器测量正弦交流电压

使用 YB4320 型双踪四迹示波器测量正弦交流电压的操作步骤如下：

① 把示波器的 Y 轴偏转因数的"微调"旋钮（即灵敏度旋钮）置于"校准"位置。

② 将 Y 轴输入的耦合开关"DC-GND-AC"置在"AC"上。如果信号的频率很低，则将耦合开关置在"DC"上。接入被测电压，并选取合适的 Y 轴偏转因数（V/div）。

③ 将测量信号波形移到荧光屏的中心区，使屏幕上显示一个或几个稳定波形。

④ 由 Y 轴的坐标刻度读出整个信号波形所占的高度 H，如图 3.28 所示。

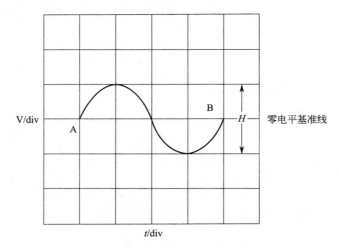

图 3.28 正弦交流电压的测量

⑤ 在已知 Y 轴偏转因数（灵敏度）D_Y 与探极衰减系数 k 时，被测的正弦电压的峰峰值 $U_{\text{P-P}}$ 为

$$U_{\text{P-P}} = kHD_Y$$

式中　H——扫描迹线垂直距离；

　　　D_Y——所选取的 Y 轴偏转因数；

　　　k——探极的衰减系数。

被测电压的峰值 U_P 和有效值 U 分别为

$$U_P = U_{\text{P-P}}/2 \qquad U = U_P/\sqrt{2}$$

例如：用示波器测量某一正弦电压时，信号经标有 10：1 衰减的探极输入，而 Y 轴偏转因数旋钮置在"0.5V/div"挡级上。如果信号波形在 Y 轴的高度为 6div，则正弦电压的有效值为

$$U = kHD_Y/2\sqrt{2} = 10 \times 6 \times 0.5\text{V}/2 \times 1.414 = 10.6\text{V}$$

2. 使用 YB4320 型双踪四迹示波器测量直流电压

使用 YB4320 型双踪四迹示波器测量直流电压的操作步骤如下：

① 将触发开关置在"自动"或"高频"状态，调节有关旋钮使屏幕上出现水平时基线。

② 将输入耦合方式开关置在"⊥"位置上，此时屏幕上时基线的位置就是零电平基准线。

③ 再将输入耦合方式开关置在"DC"上，确定时基线与零电平时基线间的高度 H，

如图 3.29 所示。

④ 读出"V/div"所在的挡级 D_Y 数值和探极衰减系数 k 时，则测量的直流电压数值为 $U = k D_Y H$。

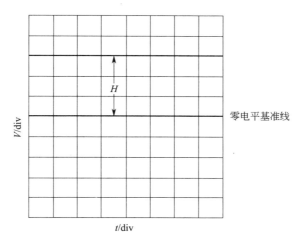

图 3.29　直流电压的测量

例如：在进行直流电压测量时，示波器的 Y 轴偏转因数为 0.5V/div，测量信号经衰减 10 倍的探极输入，如果扫描光标与零电平时基线间的距离为 5div，则直流电压的大小为

$$U = k H D_Y = 10 \times 5 \times 0.5\text{V} = 25\text{V}$$

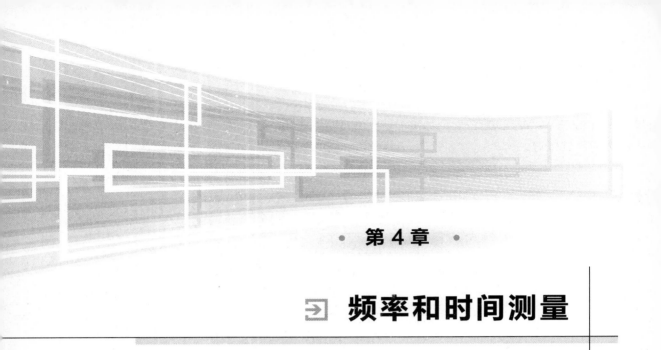

第4章

频率和时间测量

在国际单位制中，有七个最基本的单位，时间就是其中之一。人们的生活与时间息息相关，例如人的寿命是用时间计量的，社会的每一个大事件都是用时间来标注的，宇宙存在的历史也是用时间来表示的。

频率是另外一个量，是用来表示一个物理量变化快慢的，反映了在1s内变化的次数。尤其是标准频率源的制作和使用，代表了一个国家的科技水平，在科研方面具有关键性的作用。我国在标准频率源的生产和研制方面，具有世界一流水平。

显然，时间和频率在某些方面是有交集的。在电子测量领域，时间和频率的测量是非常重要的。

▶ 4.1 初步认识频率和时间

4.1.1 频率和时间的含义

1. 频率

在自然界中，具有重复特性的现象是极为普遍的，比如每天早上太阳从东方升起，海水一天两次潮涨潮落。在电子技术领域内，用频率来描述信号重复的快慢。频率是指在1s的时间内信号重复变化的次数，是电子信号最基本的参数之一。频率用英文字母 f 来表示，单位为1/s。为了纪念德国物理学家赫兹对无线电的贡献，人们把频率的单位命名为赫兹，简称"赫"，符号为 Hz。

每个物体都有由它本身性质决定的频率，称为固有频率。频率的概念不仅在力学、声学中有重要应用，在电磁学、光学与无线电技术中也被经常使用。

频率的基本单位是赫兹（Hz），常用的单位还有千赫（kHz）、兆赫（MHz）和吉赫（GHz），它们之间的关系是：

$$1kHz=1000Hz，1MHz=1000kHz，1GHz=1000MHz$$

我国在生产和生活中广泛使用的交流电是一种正弦波交流电，其频率为 50Hz，即 1s 内做 50 次重复性变化。交流电的频率在工业术语中常常被称为工频。

在全世界的电力系统中，工频有两种，一种是 50Hz，还有一种是 60Hz。美国和日本使用的交流电其频率是 60Hz。

频率标准源是用作时间统一系统的守时设备，为电子测量设备提供标准的频率信号。我国已经能生产具有高准确度和高稳定度的标准频率信号的振荡器及其附属电路，例如我国自行研制的全球导航定位系统——北斗系统就使用了我国自行生产的频率标准源和计时系统。

在航空航天工程中，采用高稳定性的恒温晶体振荡器和各种原子频标作为频率标准源，使所获取的记录数据和事件具有严格统一的计量标准。

采用电子技术测量频率，发现频率测量有以下三个特点：

① 测量的准确度高。现代科学技术的发展，对时间和频率的测量可以达到很高的准确度（可达到 10^{-14}），且已经实现数字化。也正是因为有这样高的准确度，许多物理量的测量都经常先被转换为频率再进行测量。

② 测量的自动化程度高。在电子测量技术中，单片机和嵌入式系统得到广泛的运用，使得测量自动化程度很高。

③ 测量的速度快。由于电子器件的开关速度越来越快，使得电子测量仪器对频率的测量可以做到快速响应。

2. 周期

周期是从另一个侧面来描述信号重复性现象的参数。它是指信号在做重复性变化时，变化一次所需要的时间，也是用来描述信号变化快慢的物理量。周期用英文字母 T 来表示。显然，频率和周期之间存在着互为倒数的关系。周期的单位是秒，用字母 s 表示。

频率 f 和周期 T 的数学表达式为

$$T=\frac{1}{f}$$

正是由于频率和周期有上述简单明了的关系，所以只要测出信号的频率，就可以算出信号的周期，而时间可以用周期乘上周期的数量表示出来，所以在实际的测量过程中，对时间的测量往往转化为对频率的测量。

3. 时刻和时间的区别

时间和时刻的概念是不同的，"时刻"是用来指明某现象是何时发生的；而"时间"表示两个时刻之间的间隔，用来指明某现象持续了多久。

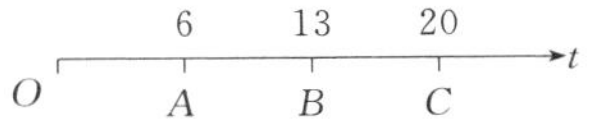

可以用一维坐标轴来直观地表示时间与时刻的差别。在一维坐标轴上，时刻是轴上的一个点，而时间是坐标轴

图 4.1 时刻和时间的区别

上任意两个点之间的距离。如图 4.1 所示，坐标轴上的点 A、B、C 分别代表了三个不同

的时刻，而 AB、BC、AC 则分别代表了不同的时间。

4. 时刻和时间的联系

在一维坐标轴上，若是将坐标轴上的原点作为一个时刻，则在轴上的任意一个点（任意时刻）到原点的距离，也可以说成是时间。比如点 A 的数值是 6，则 6 既可以表示是 A 点的时刻，也可以表示是 OA 这两个点之间的时间。也就是说，如果将计时的起始点定为时间轴上的原点，则时刻与时间在数值是相同的，这就是人们常常将时间与时刻混为一谈的原因。

显然，频率和时间也是有联系的，频率的倒数是周期，而周期是要用时间来量度的。

4.1.2 测量频率方法

1. 直接测量法

直接测量法是直接利用电子电路的频率响应特性来测量频率数值的方法。

直接测量法按测量信号的频率，又可以分为谐振法和电桥法两种。

（1）谐振法

谐振法是利用谐振回路的谐振特性来测量信号的频率值，电路原理图如图 4.2(a) 所示。将被测信号 f_x 作用到一个 LC 电路中，通过改变回路中的可变电容器 C，使 LC 电路发生谐振，此时电路中的电流达到最大值，用电流表可以明显地看到指示。按照谐振频率的公式就可得到被测信号的频率 f_x，即

$$f_x = f_0 = \frac{1}{2\pi\sqrt{LC}}$$

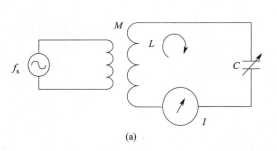
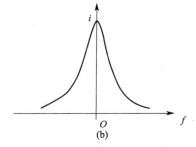

图 4.2 用谐振法测信号频率

采用谐振法测量信号的频率可以测量 1500MHz 以下的频率，其准确度为 $\pm(0.25 \sim 1)\%$。

（2）电桥法

电桥法是利用电桥的平衡条件和与频率有关的特性来进行频率的测量，通常采用文氏电桥法。一款文氏电桥的外形图如图 4.3 所示。

使用文氏电桥常用来测量频率比较低的信号，其接线图可以按照图 4.4 接线。

在图 4.4 中，调节可变电阻 R_1 和 R_2，使电桥在被测频率值上达到平衡。根据电桥平衡原理，可以得到如下关系：

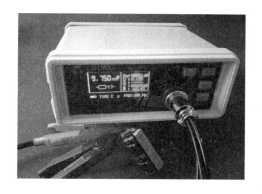

图 4.3 文氏电桥的外形图

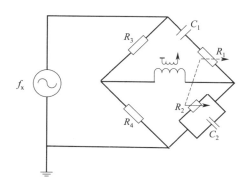

图 4.4 使用文氏电桥测量信号频率的接线图

$$f_x = \frac{1}{2\pi\sqrt{R_1 R_2 C_1 C_2}}$$

通常在电路中取 $R_1 = R_2 = R$，$C_1 = C_2 = C$，则上式就成为

$$f_x = \frac{1}{2\pi RC}$$

所以只要知道了 R 和 C 的值，就可以算出被测信号频率了。

采用电桥法测量信号频率，其准确度不太高，一般为 $\pm(0.5\sim1)\%$。

2. 比较测量法

比较测量法是利用标准参考频率 f_s 和被测量信号频率 f_x 进行比较来测量信号的频率。比较测量法又分为拍频法、差频法、示波法以及计数法等。

比较测量法的测量精度较高，主要和标准参考频率的精度以及判断两者关系所能达到的准确度有关。

（1）拍频法

拍频法是将被测信号的频率与标准信号的频率通过线性电路进行叠加，然后把叠加结果在示波器上加以显示或者送入耳机进行监听。拍频法的测量电路如图 4.5 所示。

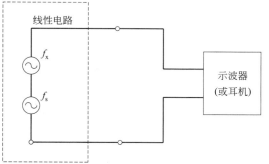

图 4.5 用拍频法测频率的电路

当被测信号的频率与标准信号的频率相等时，即 $f_x = f_s$ 时，线性迭叠结果的振幅恒定；若 $f_x \neq f_s$，线性叠加结果的振幅是变化的。

拍频法适用于测量低频的信号，且被测信号的波形与标准信号的波形应相同。

（2）差频法

差频法是利用已知的标准频率 f_R 与被测信号的频率 f_x 进行混合，产生两者之间的差频 f_d，再精确测量差频来确定被测信号的频率值，其测量电路框图如图 4.6 所示。

图 4.6 用差频法测频率电路框图

则被测信号频率 f_x 为

$$f_x = f_R + f_d$$

式中　f_R——标准参考频率；

　　　f_d——差频值。

差频法常用于高频信号的测量。

（3）示波法

从示波器的屏幕上，可以观察到信号随时间变化的规律，并且很容易从波形图上测出信号电压的峰峰值（U_{p-p}）、信号的周期（T）、两个信号的相位差（ϕ）等参数。有了信号的周期，信号频率就唾手可得了。所以示波法是通过测量信号周期而得到频率的测量方法。

▶ 4.2　频率测量

4.2.1　用示波器测量频率

示波器是电子测量中最常用的仪器之一，它不仅可以显示电信号随时间变化的波形（如交流电、心电、脑电、肌电等），通过适当的换能装置，也可以显示非电信号的波形（如声波、心率、体温、血压等随时间变化的过程）。

一款小型通用示波器的外形图如图 4.7 所示。这款示波器属于模拟式电子测量产品，需要测量人员准确地测量出信号的周期，所得到的数据往往有很大的误差。

现在数字式示波器已经占据示波器的大部分市场。在数字式示波器的屏幕上，不但有信号的波形，还可以直接读出信号的频率、幅度，这样就大大提高了测量频率的准确性。一款小型数字式示波器的外形图如图 4.8 所示。

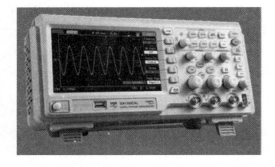

图 4.7　小型通用示波器的外形图　　　　图 4.8　小型数字示波器的外形图

用示波器测量信号的频率，经常使用的方法有李萨茹图形法和读周期法。

1. 用李萨茹图形法测量信号频率

用李萨茹图形法测量信号的频率时，先将示波器工作于 X-Y 方式下，再分别将频率已知的信号与频率未知的被测信号同时加到示波器的 X 输入端和 Y 输入端，仔细调节已知信号的频率，使荧光屏上出现李萨茹图形，再由下述公式计算出被测信号的频率。

李萨茹图形存在着如下关系：

$$f_y = f_x \frac{N_H}{N_V}$$

式中　N_H——水平线与李萨茹图形的最多交点数；

N_V——垂直线与李萨茹图形的最多交点数；

f_y——示波器 Y 输入端信号的频率；

f_x——示波器 X 输入端信号的频率。

例如在图 4.9 上，是示波器的示波管在测量信号频率中出现的李萨茹图形，已知 X 信号的频率为 6MHz，求出 Y 信号的频率。

根据李萨茹图形法测频率的基本原理，由图示的李萨茹图形，可得

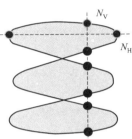

图 4.9　示波器的李萨茹图形

$$N_H = 2 \quad N_V = 6$$

所以有

$$f_y = f_x \frac{N_H}{N_V} = 6\text{MHz} \times \frac{2}{6} = 2\text{MHz}$$

应该注意的是，采用李萨茹图形法测频率时，在 Y 通道和 X 通道输入的信号中必须要有一个标准的频率信号，同时对 Y 通道和 X 通道输入信号的波形、幅值大小和频率都有一定的要求。这种方法测量的频率范围比较窄。

2. 用读周期法测量信号频率

读周期法是直接在示波管的显示图形上测量出一个波形变化一周所占据横轴的长度，然后利用示波器横轴上单位长度所对应的时间计算出信号的周期，最后利用频率和周期的倒数关系算出信号的频率。

这种测量频率的方法属于直接测量，测量精度不太高，常用作测量信号频率的粗略测量。读周期法是采用模拟式示波器测量频率经常采用的方法。

图 4.10 所示是一个示波器的挡位和屏幕显示结果，可以数出一个信号完整波形占据了 7.1 个格，每个格代表的时

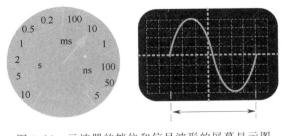

图 4.10　示波器的挡位和信号波形的屏幕显示图

间是 10ms，可以算出被测量信号的周期是 71ms，进而算出该被测量信号的频率是 14.08Hz。显然这个测量结果具有一定的误差。

4.2.2　用电子计数器测量频率

由于数字电路的飞速发展和数字集成电路的普及，电子计数器的应用已十分普遍。利用电子计数器测量信号的周期和频率具有数字准确、精度高、使用方便、测量迅速以及便

于实现测量的自动化等突出优点，已成为现代信号周期和频率测量的重要手段。

1. 电子计数器的功能

电子计数器一般有如下功能：
① 信号频率的测量。
② 两路信号频率比的测量。
③ 信号周期的测量。
④ 信号时间间隔的测量。
⑤ 自校。

2. 电子计数器的类型

① 通用计数器。通用计数器可测量信号的频率、频率比、周期、时间间隔、累加计数等，而且其测量功能可扩展。

② 频率计数器。频率计数器的功能只限于测量信号的频率和计数，但测频范围往往很宽。

③ 时间计数器。时间计数器以时间测量为基础，可直接测量信号的周期、脉冲参数等，其测时分辨力和准确度很高。

④ 特种计数器。特种计数器是指具有特殊功能的计数器，包括可逆计数器、序列计数器、预置计数器等，一般用于工业测控方面。一款可以预置数的电子计数器的外形图如图 4.11 所示。

图 4.12 所示是一款手持式电子计数器的外形图。

图 4.11 可以预置数的电子计数器的外形图

图 4.12 手持式电子计数器的外形图

不同型号的电子计数器的测频范围各有不同，能测量信号频率低于 10MHz 的称为低速计数器，能测量信号频率在 10～100MHz 的称为中速计数器，能测量信号频率高于 100MHz 的称为高速计数器，而微波计数器能测量频率在 1～80GHz 之间的信号（属于超高速计数器）。

3. 电子计数器的主要技术指标

电子计数器主要有下列指标。

① 测量范围：一般可从 mHz（毫赫）至几十 GHz（吉赫兹）。

② 测量的准确度：可达 10^{-9} 以上。

③ 晶振频率及稳定度：晶体振荡器是电子计数器的内部基准，一般要比所要求测量准确度高一个数量级（10 倍）。晶体振荡器输出的频率有 1MHz、2.5MHz、5MHz、10MHz 等；普通晶体振荡器的稳定度为 10^{-5}，当环境保持为恒温时，晶振的稳定度可达 $10^{-7} \sim 10^{-9}$。

④ 显示：包括显示位数及显示方式等。

其中，测量准确度和频率上限是电子计数器的两个最重要指标。

4. 使用电子计数器测量频率需要注意的问题

① 测量前应首先对仪器通电预热，然后进行"自校检查"，以判断仪器工作是否正常。

② 测量信号频率时，若被测信号为脉冲波、三角波、锯齿波，将触发电平调节器拉出到直接耦合方式。

③ 当被测信号的频率比较高时，必须选择"短时间"闸门；当计数的频率比较低时，要选择"长时间"闸门。

④ 接入信号后，待显示器的显示数值稳定才可以读出信号频率。

4.2.3 用数字频率计测量频率

数字频率计采用数字集成电路和单片机，具有精确度高、测频范围宽、便于实现测量过程自动化等一系列突出特点，所以数字频率计已成为目前测量频率的主要仪器。图 4.13 所示是一款数字频率计的外形图。

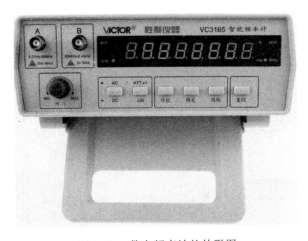

图 4.13 数字频率计的外形图

1. 数字频率计的测量工作原理

数字频率计的主要结构框图如图 4.14 所示。

数字频率计的测量原理是：先把被测信号经过放大整形电路变成脉冲信号，与此同时

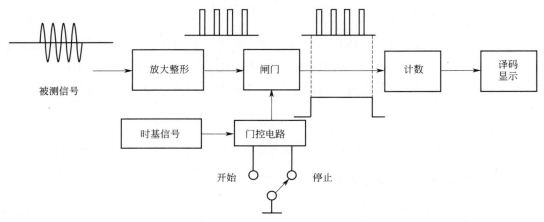

图 4.14　数字频率计的主要结构框图

时基电路提供一个标准的时间基准信号。当被测信号到来时，闸门打开，被测信号通过闸门，计数器开始计数，直到信号结束时闸门关闭，计数器停止计数。若闸门时间在 1s 内计数器计得的脉冲数是 N，则被测信号的频率值为

$$f_x = N（Hz）$$

2. SP-1500 型数字频率计

SP-1500 型数字频率计是采用微处理器开发完成的高精度数字频率计。该仪器的最大特点是采用倒数计数技术，测量精度高、测频范围宽，灵敏度高。该机的前置电路有低通滤波器、衰减器，闸门时间连续可调，具有工程符号指数显示，适合在邮电通信、广播电视、大专院校实验室、研究所及工矿企业用于科研和生产之用。

SP-1500 型数字频率计的面板图如图 4.15 所示。

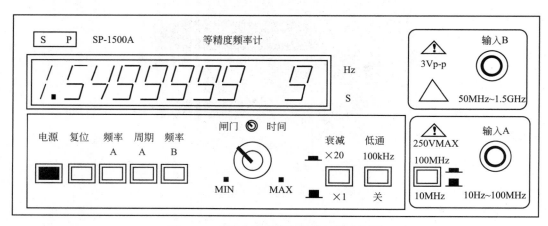

图 4.15　SP-1500 型数字频率计的面板图

各按键开关功能如下所列：

① 电源开关。按下此开关则通电，采用 LED 显示。

② 复位开关。按下再松开此开关，则本机电路 CPU 重新启动。

③ 频率 A 开关。按下此开关，接通 A 通道，执行频率测量。

④ 周期 A 开关。按下此开关，接通 A 通道，执行周期测量。

⑤ 频率 B 开关。按下此开关，接通 B 通道，执行频率测量。

⑥ 闸门时间旋钮。顺时针旋转此旋钮为延长闸门时间，逆时针旋转此旋钮为缩短闸门时间。

⑦ 100MHz/10MHz 开关。使用 A 通道测频率且输入频率≥10MHz 按下此开关。

⑧ 衰减开关。按下此开关，可衰减 A 通道输入信号 20 倍。

⑨ 低通（低通滤波器）开关。按下此开关可有效滤除低频信号上混有的高频分量。

⑩ 输入 A（频率 A 输入）开关。信号频率介于 10Hz～100MHz 时输入此通道。

⑪ 输入 B（频率 B 输入）开关。信号频率大于 100MHz 时输入此通道。

⑫ s（秒显示）。测量周期时，此灯亮。

⑬ Hz（赫兹显示）。测量频率时，此灯亮。

⑭ EXP（指数显示），给出被测信号的指数量级。

3. SP-1500 型数字频率计的操作步骤

（1）开机自检

本机的电源为 AC220V±22V，接通电源后进行自检。

（2）测量信号输入

测量频率时，若频率介于 10Hz～100MHz，按下"频率 A"开关，将输入信号接至通道 A。

测量周期时，按下"周期 A"开关，将输入信号接至通道 A。

若频率大于 100MHz，按下"频率 B"开关，将输入信号接至通道 B。

（3）闸门时间调整

旋转"闸门时间"旋钮至适当位置（闸门时间最短时可显示 6 位，闸门时间≥1s 时显示位数为 8 位）。

（4）输入 A 前置功能选择

按下"100MHz/10MHz"开关时，测量≥10MHz 的信号。按下"衰减"开关时，可使输入信号衰减 20 倍。用户使用带频率选择开关的测量线进行测量时，必须按下"低通"开关，对输入 A 通道 1MHz 以下信号进行低通滤波。

（5）待显示器的显示数值稳定后，可以读出信号频率

例如用 SP-1500 型数字频率计测量黑白电视机行扫描电路的行同步保持范围。（行同步保持范围是指能使电视机维持同步状态的行频可调节范围），其测量连线方法如图 4.16 所示。

将电视信号发生器 RF 信号接至电视机的输入端，SP-1500 型数字频率计选用 B 通道，测试探头接至行振荡管 V_{304} 的射极 R_{313} 后面。

测量过程如下：

① 调节行振荡线圈 L 使频率计显示正确的行频 15625Hz；同时电视机屏幕上显示稳定的方格图像（或阶梯灰度图像）。

② 调节行振荡线圈 L，使行频缓慢升高，直到屏幕上的图像出现失步，记下这时的频率值 f_H。

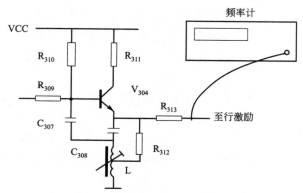

图 4.16 用频率计测量行同步保持范围接线图

③ 调节行振荡线圈 L，使行频缓缓降低，直到屏幕上的图像再次失步，记下此时频率计的读数 f_L。

④ 两个频率的差值 $f_H - f_L$，即为电视机行同步的保持范围，一般要求 $f_H - f_L >$ 500Hz。

4.3 相位差测量

在放大电路中，只要存在着电容和电感这些元件，则信号在电路的输出与输入之间都存在着信号的相位移，也就是存在着相位差。相位差的测量有多种方法，采用示波器和电子计数器测量相位差是最常用的方法。

4.3.1 用示波器测量相位差

用示波器测量相位差也有几种方法。

1. 单踪示波器法

将被测量的两个同频信号先后接入 Y 输入通道进行显示，记住第一个输入信号显示时的位置，则在显示第二个输入信号时，就可读出两个信号相位差所对应的距离，同时再读出信号一个周期的距离，则被测结果为

$$\phi = \frac{x}{x_T} \cdot 360°$$

式中　x——第一个输入波形和第二个输入波形起始点的横坐标差值；

　　　x_T——输入波形一个周期所对应的坐标差值。

利用这种方法还可以测试出三相交流信号的相序。但这种测量方法较为费时，操作也相对复杂些，而且测量的准确度显然不够，因此此法只限于只有单踪示波器这种测量仪器的情况下使用。

2. 双踪示波器法

使用双踪示波器来测量信号的相位差非常方便，如图 4.17 所示。测量时，将两个信号分别接入双踪示波器的两个输入端，选择触发信号源，采用交替显示（选用相位超前的

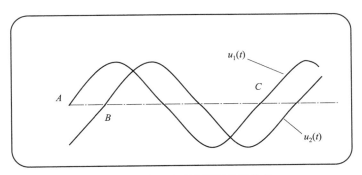

图 4.17 用双踪示波器测量相位差

信号作内触发信号源,否则容易产生误差)或断续显示方式,适当调整 Y 轴移位旋钮,使两个信号的水平中心轴重合,测出 AB、AC 的长度,则可计算出相位差:

$$\Delta\phi = \frac{AB}{AC} \times 360°$$

式中　AB、AC——单位为"cm"或"div";

　　　$\Delta\phi$——两个信号的相位差,(°)。

3. 李萨茹图形法

当示波器工作在"X-Y方式"时,通过屏上显示图形的椭圆程度也可以判断出两个信号的相位差。

图 4.18 所示是测量音频放大器相位失真的电路。由于被测音频放大器的输出幅度可能不一致,需要外加电阻分压器,将音频信号发生器的输出单频电压进行合理控制。

将示波器的"测量选择"开关调到"电压"挡,调节两组分压器,将音频信号发生器在 400Hz 或 1000Hz 时的输出幅度调到使示波器显示一条 45°的斜线。保持音频信号发生器的输出幅度不变,逐点改变频率并观察示波器上图形的变化,来判断相位的大小。

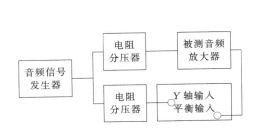

图 4.18 测量音频放大器相位失真的接线图

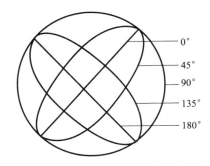

图 4.19 通过李萨茹图形显示信号的相位失真

如图 4.19 所示,当输入信号经过被测音频放大器后的相移为零时,则荧光屏上会显示出一条 45°的斜线。当图形由斜线逐渐变成椭圆时,说明信号经过被测音频放大器后相移逐渐加大,当图形为正圆时,信号的相移为 90°;如果信号的相移再加大,则图形又变为椭圆形,但方向改变了;当信号的相移在 180°时,将出现一条与原斜线垂直 45°的斜线。通过观察示波器上图形的形状,就可知道对于不同频率通过被测音频放大器时相位的失真。

采用李萨茹图形法测量信号的相位差虽然直观方便，但是需要知道每个图形所对应的相位差，并且除了几个特殊的相位差角度显示得比较准确外，其余的相位差角度只是一个估计值。

4.3.2 用电子计数器测量相位差

1. 电子计数器测量信号相位差的原理

采用电子计数器测量信号相位差的原理图如图 4.20 所示。

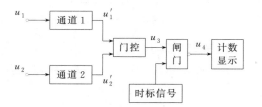

图 4.20 用电子计数器测量信号相位差的原理图

通道 1 和通道 2 的特性相当于两个过零电压比较器，当两个被测信号分别通过通道 1 和通道 2 时产生两个脉冲，加到同一个门控电路。

门控电路是一个 R-S 触发器，一个通道来的脉冲使门控电路输出高电平，而另一个通道来的脉冲使门控电路输出低电平。时标信号是晶振信号经过分频后的信号，当门控输出高电平期间，闸门开启，时标信号通过闸门进入计数显示被计数并显示结果。当门控输出低电平期间，闸门关闭，时标信号不能通过闸门进入计数器被计数。这样计数显示的结果就反映了两个信号之间的相位差。

电子计数器测量相位差的原理，其实就是对时间间隔的测量，即在一个时间间隔内用标准脉冲来填充，然后对脉冲进行计数。由于脉冲的周期是已知的，所以由脉冲的个数就可以得到时间间隔的长短。

2. 电子计数器测量信号相位差的计算

使用电子计数器测量相位差的计算可以用图 4.21 来说明。

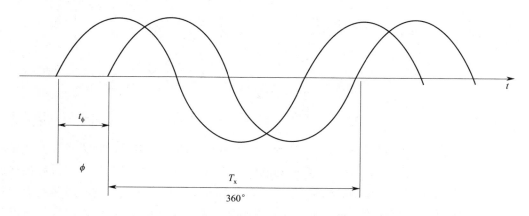

图 4.21 电子计数器测量相位差的计算

假设相位差的时间为 t_ϕ，被测信号周期为 T_x（频率为 f_x），时标信号的周期为 T_s，在 t_ϕ 内计数器计的时标脉冲个数为 N，则可得时间间隔为

$$t_\phi = NT_s$$

则被测信号的相位差为

$$\phi = \frac{t_\phi}{T_x} \times 360° = \frac{NT_s}{T_x} \times 360° = \frac{Nf_x}{f_s} \times 360°$$

这种测量方法又称为瞬时值相位计数法，适用于测量低频信号的相位差。

当信号的频率比较高时，此法测量的准确度降低，因为时标信号的频率不可能无限升高。此外，此法需测出被测信号的周期或频率，再按上式进行计算才能得出结果。

为了克服这一缺点，可采用平均值相位计数法，即对多个相位差的脉冲计数后再平均。如利用时标对计数器 1s "清零" 1 次，或再用一个闸门开启 1s，对时标脉冲通过闸门输出的脉冲进行累计，则有记数：

$$N' = f_N$$

N' 为在一个相位差内所计的脉冲数，则上式变为

$$\phi = \frac{N'}{f_s} \times 360°$$

可见，此法不需要测量被测信号的频率，就可以求得两个信号的相位差。

- 第 5 章 -

→ 晶体管的特性参数测量

晶体管特性参数的测量是电子产品生产厂家的一项非常重要的工作，这是因为晶体管的特性参数有很大的离散型，也就是众多晶体管的参数各有不同。这个问题在晶体管制造时也不能很好地解决，不像制造砖头那样，比较容易控制产品的质量使其具有一致性。所以晶体管特性参数的测量往往是电子产品生产厂家的首道工序。

▶ 5.1 测量晶体管特性参数的专用仪器

5.1.1 晶体管的特性参数

1. 晶体二极管的主要特性参数

晶体二极管的主要特性参数有正向特性曲线和反向特性曲线，图 5.1 所示是典型二极管的正向特性曲线和反向特性曲线。但是实际上每一种二极管的特性曲线都会有所不同，需要专门进行测量。

2. 晶体三极管的特性曲线

晶体三极管的特性参数包含输入特性曲线、输出特性曲线、电流放大特性曲线、饱和电压和击穿电压等。图 5.2 所示是典型三极管的输入特性曲线。但是实际上每一种三极管的特性曲线都会有所不同，也需要专门进行测量。

图 5.3 所示是典型三极管的输出特性曲线。同样，每一种三极管的输出特性曲线都会有所不同，需要专门进行测量。

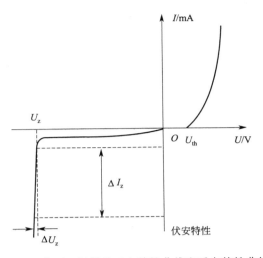

图 5.1　典型二极管的正向特性曲线和反向特性曲线

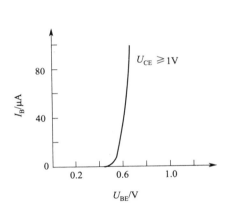

图 5.2　典型三极管的输入特性曲线

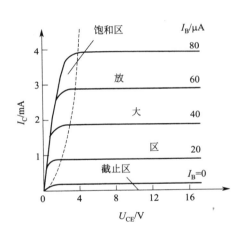

图 5.3　典型三极管的输出特性曲线

3. 场效应管的特性参数

场效应管的特性参数包含漏极特性曲线和转移特性曲线等。图 5.4 所示是典型 N 沟

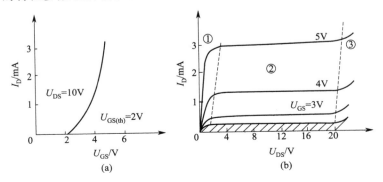

图 5.4　N 沟道增强型场效应管的各极电压和电流关系曲线

道增强型场效应管的漏极特性曲线，它反映了场效应管各个极的电压和电流之间的关系。

图 5.5 所示是典型 N 沟道增强型场效应管的转移特性曲线，它反映了场效应管的栅源电压与漏极电流之间的关系。

图 5.6 所示是典型结型场效应管的输出特性曲线，它反映了结型场效应管的漏源电压与漏极电流之间的关系。

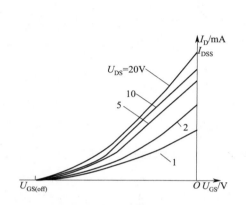

图 5.5　N 沟道增强型场效应管的转移特性曲线

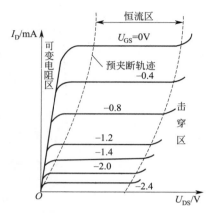

图 5.6　典型结型场效应管的输出特性曲线

测量这些晶体管的特性参数都需要用到专用仪器，可以直观地将每一种晶体管的特性参数用曲线的方式表示出来。

5.1.2　晶体管特性图示仪

晶体管特性图示仪是一种专用仪器，可以在仪器的示波管上直接显示出晶体管的特性曲线，还可直接读出或计算出晶体管器件的各项参数。

自从晶体管特性图示仪问世以来，其外观面貌基本上没有大的变化，一款常见的晶体管特性图示仪的外形图如图 5.7 所示。这种仪器需要提供众多半导体元件的测量台，以满足测量不同形状半导体元件参数的需要。

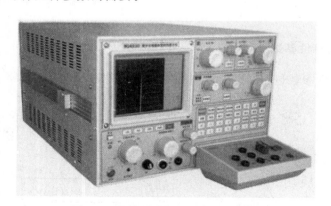

图 5.7　晶体管特性图示仪的外形图

1. 晶体管特性图示仪的组成

晶体管特性图示仪可以看成是示波器和测量电路的组合，它主要由五个部分组成：同步脉冲发生器、集电极扫描电压发生器、基极阶梯信号发生器、测试转换开关、示波器（垂直放大器、水平放大器和示波管），其组成框图如图 5.8 所示。

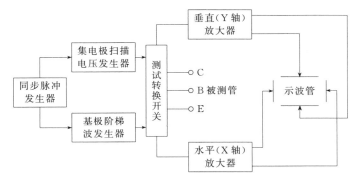

图 5.8 晶体管特性图示仪组成框图

2. 晶体管特性图示仪各部分电路的作用

（1）同步脉冲发生器

同步脉冲发生器用于产生同步脉冲，使集电极扫描电压发生器和基极阶梯信号发生器的信号同步，这样才能保证显示元件特性曲线的正确和稳定。

（2）集电极扫描电压发生器

集电极扫描电压发生器用于提供集电极扫描电压，其波形如图 5.9 中的上方所示。该波形是由 50Hz/220V 交流电经全波整流后获得的。

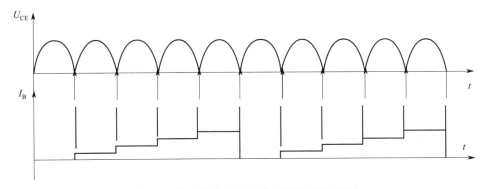

图 5.9 集电极扫描电压和基极阶梯波形图

（3）基极阶梯波信号发生器

基极阶梯波信号发生器用于给基极提供恒定阶梯波电流信号，其波形如图 5.9 中的下方所示。阶梯波的高度（电流幅值/每级）可以调节，用于形成多条曲线簇。

（4）测试转换开关

测试转换开关用于测量不同类型晶体管特性曲线时的电路切换。例如："NPN"和"PNP"开关能改换集电极扫描电压的正负极性，"基极开关"可让被测管的基极选用"电流/梯级"挡位或"电压/梯级"挡位。

（5）示波器

示波器电路包括垂直放大器、水平放大器和示波管，用以显示被测晶体管的特性曲线，其工作原理与普通示波器相同。

C、B、E 是用来插三极管三个电极的插孔，分别对应于三极管的集电极、基极和发射极；其中的 C、E 也用作于测量二极管时，供二极管的正负极插接。

▶ 5.2 使用晶体管特性图示仪测量晶体管

晶体管特性图示仪对各种半导体器件参数的测量都采用动态测量法。

5.2.1 测量二极管的特性参数

1. 测量二极管的正向特性曲线和反向特性曲线的电路接法

测量二极管的正反向特性曲线时，二极管在测量电路中的接法如图 5.10 所示，图中的 C 和 E 是元件台上插三极管的集电极插孔 C 和发射极插孔 E。

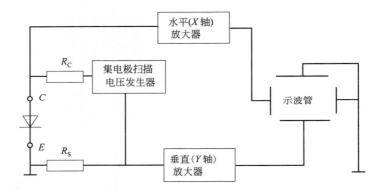

图 5.10　测量二极管正反向特性曲线的电路接法

2. 测量二极管时的旋钮位置

测量二极管的正向特性时，各个旋钮的位置要设置到"扫描电压"为正极性，阶梯波电压发生器不起作用，示波器"X 轴输入"端测试的是二极管两端的电压，示波器"Y 轴输入端"测试的是流过二极管电流的采样电压。

测量二极管的反向特性时，"扫描电压"为负极性，其余旋钮的位置不变。

5.2.2 测量三极管的特性参数

1. 测量三极管的输出特性曲线

测量三极管的输出特性曲线时，三极管在测量电路中的接法如图 5.11 所示。图中的 B、C 和 E 是元件台上插三极管的基极插孔 B、集电极插孔 C 和发射极插孔 E。

对于 NPN 型三极管，集电极扫描电压为正极性，其基极加入的阶梯波电压也是正极性，两个电压是同步的。对于 PNP 型三极管，集电极扫描电压为负极性，其基极加入的阶梯波电压也是负极性，两个电压也是同步的。

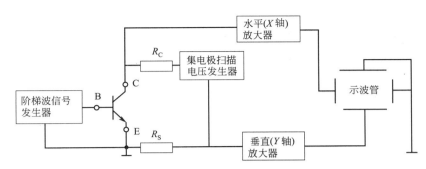

图 5.11　测量三极管输出特性曲线的电路接法

2. 测量三极管的输入特性曲线

测量三极管的输入特性时，三极管在测量电路中的接法如图 5.12 所示。基极电压加在示波器的 X 轴输入端，基极电流经采样电阻后，接入示波器的 Y 轴输入端。当 $u_{CE}=0$ 时，此时示波器的屏幕上就出现了一条输入特性，若加上集电极扫描电压，得到的是一簇平行的曲线。

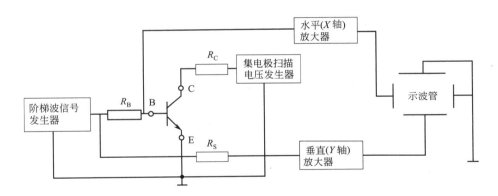

图 5.12　测量三极管输入特性曲线的电路接法

5.2.3　测量场效应管的特性参数

1. 测量场效应管的漏极特性

场效应管的漏极特性与三极管的输出特性相对应，所以测量场效应管漏极特性的电路接法与测量三极管输出特性的接法相同。只是测量 N 沟道场效应管时要与测量 NPN 型三极管的接法相对应，测量 P 沟道场效应管时要与测量 PNP 型三极管的接法相对应。

2. 测量场效应管的转移特性

场效应管的转移特性与三极管的输入特性相对应，所以测量场效应管转移特性的电路接法与测量三极管输入特性的接法相同。只是测量 N 沟道场效应管时要与测量 NPN 型三极管的接法相对应，测量 P 沟道场效应管时要与测量 PNP 型三极管的接法相对应。

5.3　XJ4810 型晶体管特性图示仪

XJ4810 型晶体管特性测试仪是目前应用较多的一种晶体管特性测试仪，其外形图如图 5.13 所示。

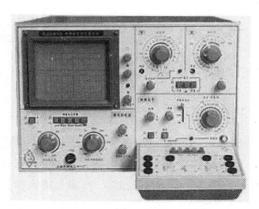

图 5.13　XJ4810 型晶体管特性测试仪的外形图

5.3.1　XJ4810 型晶体管特性图示仪的结构和作用

1. XJ4810 型晶体管特性图示仪的结构

XJ4810 型晶体管特性图示仪的面板图如图 5.14 所示。

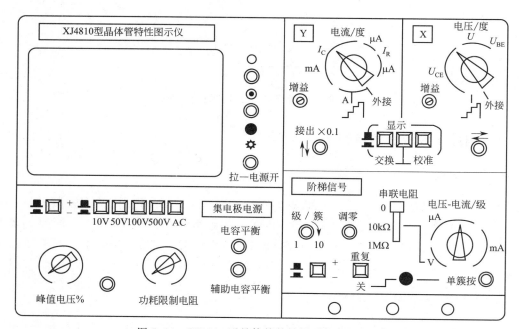

图 5.14　XJ4810 型晶体管特性图示仪的面板图

XJ4810 型晶体管特性图示仪的面板上分成四个部分：电源及示波管显示部分，集电极电源部分，X 轴、Y 轴偏转放大部分和阶梯信号部分。

2. 面板上各个部分的作用

XJ4810 型晶体管特性图示仪各个部分的作用如下。

（1）电源及示波管显示部分

① 电源开关：通断图示仪的电源。

②"辉度"旋钮：用于调节曲线的亮度。

③"聚焦"旋钮和"辅助"聚焦：用于调节曲线的清晰度，使扫描线最细。

（2）集电极电源部分

①"极性"按钮：用于改变集电极扫描电压的极性，弹起时为正，按下时为负。在测量 NPN 型和 PNP 型三极管时，通过该按钮来改变集电极扫描电压的极性。

②"峰值电压范围"选择按钮：用于选择测试所需的最高电压值。

③"峰值电压%"旋钮：用于在所选的电压范围内连续调节集电极电压。在峰值电压范围由低挡换向高挡时，应先将其旋至"0"，再调节到所需电压，否则会造成被测晶体管击穿引起短路故障。

④"功耗限制电阻"旋钮：用于改变集电极回路电阻的大小，从而限制其功耗。例如：测量二极管的正向特性时，应旋至低电阻挡；测量其反向特性时应旋至高电阻挡。

⑤"电容平衡"旋钮：由于集电极输出端对地存在各种杂散电容（各种开关、功率电阻），会形成电容性电流，造成测量误差。测试前应先调节该旋钮，使容性电流减到最小。

⑥"辅助电容平衡"旋钮：是对集电极变压器的次级绕组对地电容的不对称，而再次进行的电容平衡调节。当 Y 轴为较高电流灵敏度时，调节"电容平衡""辅助电容平衡"旋钮使仪器内容性电流最小，使屏幕上的水平线重叠为一条。在其他情况下，该旋钮无需调节。

（3）X 轴、Y 轴偏转放大部分

①"电流/度"选择开关：用于选择不同的垂直偏转灵敏度。沿着逆时针方向依次是测量二极管的反向漏电流 I_R（$0.1 \sim 5\mu A/div$，共 6 挡），测量三极管的集电极电流 I_C（$10\mu A \sim 500\ mA/div$，共 15 挡），当旋钮置于"$\square$"时，屏幕 Y 轴代表基极电流或电压。当旋钮置于"外接"时，Y 轴系统处于外接收状态，外输入端位于仪器左侧面。

② Y 轴"增益"电位器：用于连续调整 Y 轴幅度，即 Y 轴放大器的总增益，或者说通过电位器校准 Y 轴偏转因数。

③ Y 轴"移位"旋钮：用于图形的垂直方向的移动。当旋钮拉出时，指示灯亮，Y 轴偏转因数缩小为原来的 0.1。

④"电压/度"旋钮：用于选择不同的水平偏转灵敏度。沿着逆时针方向依次测量集电极电压 U_{CE}（$0.05 \sim 50V /div$，共 10 挡）、测量基极电压 U_{BE}（$0.05 \sim 1V/div$，共 5 挡）。当旋钮置于"$\square$"时，屏幕 X 轴代表基极电流或电压。当旋钮置于"外接"时，X 轴系统处于外接收状态，输入灵敏度为 $0.05V/div$，外输入端位于仪器左侧面。

⑤ X 轴"增益"电位器：用于连续调整水平幅度，即 X 轴放大器的总增益（即 X 轴偏转因数）。

⑥ X 轴"移位"旋钮：用于图形的水平方向的移动。

⑦"显示"开关：是一个三挡选择开关，用于显示的选择。从左到右，依次是"变

换""⊥""校准"。其作用分别是:

a. "变换"按键开关:用于图像在Ⅰ、Ⅲ象限内相互转换,以简化 NPN 型管与 PNP 型管转测量时的操作。

b. "⊥"按键开关:用于 X、Y 放大器的输入端同时接地,以便确定零基准点。

c. "校准"按键开关:用于校准 X 轴和 Y 轴的放大器增益。开关按下时,在屏幕有刻度的范围内,亮点应自左下角准确地跳至右上角,否则应调节 X 轴或 Y 轴的"增益"电位器来校准。

(4)阶梯信号部分

①"级/簇"旋钮:用于调节阶梯信号一个周期的级数,可在 1~10 级之间连续调节。

②"调零"旋钮:用于调节阶梯信号零位。测试前应进行零位校准。

③"串联电阻"开关:用于调节改变阶梯信号与被测管输入端之间所串接的电阻大小。当"电压-电流/级"旋钮置于电压挡时,该开关才起作用。

④"电压-电流/级"旋钮:用于阶梯信号的选择,可以选择阶梯信号的性质(电压或电流)和每级阶梯信号的大小。

⑤"极性"选择开关:用于确定阶梯信号的极性。

⑥"重复-关"按键开关:当置于重复位置(按键弹起)时,阶梯信号重复出现,用作正常测试。当置于关位置(按键按下)时,阶梯信号处于待触发状态。

⑦"单簇按"开关:与"重复-关"按键开关配合使用。先调好的电压-电流/级,按下该开关,出现一次预期的阶梯信号,然后又回至待触发状态。

3. XJ4810 型晶体管特性图示仪的器件测试台

XJ4810 型晶体管特性图示仪的器件测试台如图 5.15 所示。各个插孔的作用如下。

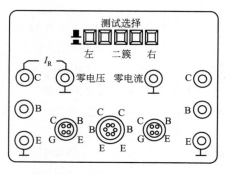

图 5.15　XJ4810 型晶体管特性
图示仪的器件测试台

①"左""右"选择开关:分别按下时用于接通对应的被测管。

②"二簇"选择开关:"二簇"选择开关按下时,可同时观测到两管的特性曲线,以便对它们进行比较。

③"零电压"开关:用于阶梯信号的零位校准。

④"零电流"开关:用于测量时,将基极开路,按下该开关可用于测量 I_{CEO}、BU_{CEO} 等参量。

⑤器件插座:位于测试台两边,用于插入被测的中小功率晶体管。

⑥测试接线柱:位于测试台中下部,配合外插座使用,适合测量大功率晶体管。

5.3.2　使用 XJ4810 型晶体管特性图示仪测量晶体管

1. 使用 XJ4810 型晶体管特性图示仪测量晶体二极管

使用 XJ4810 型晶体管特性图示仪测量晶体二极管的步骤如下。

① 开启电源，预热 15min。

② 调节"辉度""聚焦"旋钮，使屏幕出现的辉点亮度适中且清晰。

③ 根据被测器件的特性和测试条件的要求，把 X 轴偏转放大、Y 轴偏转放大、阶梯信号中的相关开关和旋钮调到相应的位置上。

④ 进行基极阶梯信号调零。为了保证基极信号的起始为地电位，还应进行基极阶梯信号的调零。具体方法是：当屏幕上出现基极信号后，按下测试台上的"零电压"开关，观察光点在屏幕上的位置。"零电压"开关复位后，调节阶梯信号中的"调零"旋钮，使阶梯信号的起始光点与按下"零电压"开关时的光点重合，则基极阶梯信号的零位被校准。

⑤ 二极管正向特性的测量：

a. 调"Y""X"轴的位移旋钮，将光点移到屏幕的左下角，将集电极电源中"极性"按钮弹起，取得"＋"极性电压，"峰值电压范围"选择按钮转到"10V"位置，"峰值电压％"旋钮旋至"0"，"功耗电阻"旋钮旋至"250Ω"。

b. 将 Y 轴中的"电流/度"旋钮转到"10mA/div"，将 X 轴的"电压/度"旋至"0.1V/div"。

c. 将阶梯信号中的"重复-关"按键按下，然后将被测二极管的"正""负"极分别插入测试台上左边或者右边的器件插座的"C"和"E"孔。

d. 转动"峰值电压％"旋钮，电压由 0 慢慢加大，仔细观察屏幕上的显示曲线，此曲线即为二极管的正向特性曲线。将特性曲线的直线段向 X 轴延长，其交点即为二极管的导通阈值电压。

⑥ 二极管反向特性的测量：

a. 调"Y""X"轴的位移旋钮，将光点移到屏幕的右上角，将集电极电源中的"极性"按钮按下弹起，取得"－"极性电压，将"峰值电压范围"选择按钮转到"500V"位置，将"峰值电压％"旋钮旋至"0"位置，"功耗电阻"旋钮旋至"10kΩ"位置。

b. 将 Y 轴中的"电流/度"旋钮转到"1μA/div"位置，将 X 轴中的"电压/度"旋钮转到"20V/div"位置。

c. 将阶梯信号中的"重复-关"按键按下，然后将被测二极管的"正""负"极分别插入测试台上左边或者右边的器件插座的"C"和"E"孔。

d. 转动"峰值电压％"旋钮，电压由 0 慢慢加大，仔细观察屏幕上的显示，直至出现反向击穿点。仔细观察屏幕上的显示曲线，此曲线即为二极管的反向特性曲线。记录该曲线，求出反向击穿电压。

2. 使用 XJ4810 型晶体管特性图示仪测量晶体三极管

使用 XJ4810 型晶体管特性图示仪测量晶体三极管的步骤如下：

（1）三极管输出特性的测量

首先按照测量二极管的步骤做好仪器的准备工作，然后按照下列步骤进行操作：

① 将阶梯信号中的"重复-关"按键处于按下（关）的状态，然后将三极管的三个电极对应插入器件测试台上的器件插座孔内。

② 调"Y""X"轴的位移旋钮，将光点移到屏幕的左下角，将集电极电源中的"极

性"按钮弹起，取得"＋"极性电压，将"峰值电压范围"选择按钮转到"10V"位置，将"峰值电压％"旋钮旋至"0"位置，将"功耗电阻"旋钮旋至"250Ω"位置。

③ 将 Y 轴的"电流/度"旋钮旋至"1mA/div"位置，将 X 轴中"电压/度"旋至"0.5V/div"位置。

④ 选择阶梯信号极性为"＋"，将"电压-电流/级"旋钮转到"0.02mA/级"位置，将阶梯作用选择"重复"。

⑤ 按下对应的测试选择按钮，将"峰值电压％"旋钮由 0 慢慢加大，仔细观察屏幕上的显示曲线，此曲线即为三极管的输出特性曲线。调节基极阶梯中的"级/簇"为 n，可得到 $n+1$ 条曲线。

（2）三极管电流放大倍数（h_{FE}）的测试

将 X 轴中的"电压/度"旋钮旋至"⌐⌐"，将"电压-电流/级"旋钮选择"20μA/级"，将"峰值电压％"旋钮由 0 慢慢加大到 1V 左右，即可由屏幕上输出的图形计算出三极管的电流放大倍数 h_{FE}。

（3）三极管输入特性的测量

测量三极管输入特性的基本步骤与测量三极管的输出特性相似，相关旋钮的位置如下：将"峰值电压范围"选择"10V"，将"功耗电阻"旋钮旋至"100Ω"，将阶梯信号极性选择为"＋"，将"电压-电流/级"选择"0.1mA/级"，将阶梯旋钮选择为"重复"，Y 轴中的"电流/度"旋钮旋至"基极电流"，将 X 轴中的"电压/度"旋钮旋至"0.1V/div"位置。

按下对应的测试选择按钮，将"峰值电压％"旋钮由 0 慢慢加大，仔细观察屏幕上的显示，即可得到三极管的输入特性曲线。

第 6 章

电路的频率特性测量

人们在欣赏音乐时,总能听出音响设备的好和差,即使是同一首歌曲的碟片,放在不同的音响设备中播放,也会产生不同的音响效果。除了喇叭质量的不同之外,这个差别就和音响设备中放大电路的频率特性有关。

电路的频率特性是电路动态特性分析的重要内容,频率特性测试仪就是测量电路频率特性的专用仪器。频谱分析仪则是从另外的角度对电路的频率特性进行测量,也是分析电路频率特性的专用仪器。频率特性和频谱分析两者结合起来,就会对信号的频率特性有全面的了解。

示波器能显示出信号的幅度随着时间变化的情况,在坐标图上就是以时间 t 作为水平轴,以信号的电压作为纵轴,对信号的波形进行显示和测量,这种分析方法是在时间域内观察和分析信号的,所以称为信号的时域测量和分析。各种型号的示波器就是最常用的在时域测量和分析方面的仪器,比如在示波器上显示的正弦波交流电的波形,就反映了电压或者电流随时间变化的情况,如图 6.1 所示。

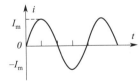

图 6.1 正弦波交流电的
电流随时间变化的情况

在分析信号的实践中,还经常需要分析信号的幅度随着频率变化的情况。在坐标图上就是以信号的频率 f 作为水平轴,以信号的电压作为纵轴,对信号的波形来进行显示和测量,这种分析方法是在频率域内观察和分析信号的,所以称为信号的频域测量和频谱分析。

图 6.2 所示是 PAL 制彩色电视机中频放大器电路的频率特性曲线,它反映了信号电压幅度随频率变化的情况。

BT-3 型扫频仪就是最常用的频域测量专用仪器。一款新型 BT3C-B 扫频仪的外形图如图 6.3 所示。

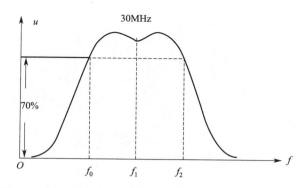

图 6.2　PAL 制彩色电视机中频放大器电路的频率特性曲线

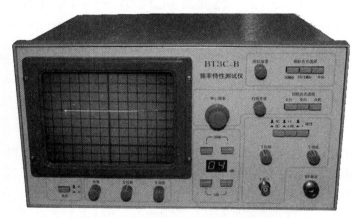

图 6.3　新型 BT3C-B 扫频仪的外形图

▶ 6.1　信号频谱与频谱测量

6.1.1　信号频谱

信号的幅度随频率变化的曲线称为信号频谱。如图 6.4 所示，$A(f)$ 是同一个信号的幅度随频率变化的线状频谱图，分析信号的频谱并求其各频率分量的大小是频域分析的任务。在图 6.4 中，还同时给出了信号的幅度随时间变化的曲线，由此可看出时域分析和频域分析两者的差异。

频谱测量是指在频域内测量信号的各频率分量，以获得信号的多种参数。频谱测量的数学基础是傅里叶变换，信号的频域测量和频谱分析能提供在时域观测中所不能得到的独特信息。

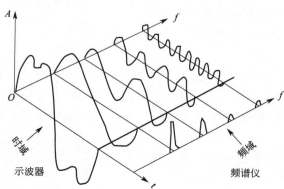

图 6.4　时域测量和频域测量的曲线

1. 信号频谱的类型

信号频谱有两种基本类型，一种是离散频谱（线状谱），各条谱线分别代表某个频率分量的幅度，每相邻两条谱线之间的间隔不一定相等，如各种非周期信号和各种随机噪声的频谱等；另一种是连续频谱，可视为谱线间隔无穷小的离散频谱，如各种周期信号的频谱。

2. 时域测量和频域测量的比较

时域测量和频域测量的比较可用图 6.4 来说明。在图 6.4 中，波形表示一个信号的基波与其二次谐波、三次谐波、四次谐波相加的例子，是信号 $A(t,f)$ 在幅度-时间-频率三维坐标中的图像。$A(t)$ 是电信号的幅度随时间变化的波形图，显示这个波形并求其有关参量是时域分析的任务。$A(f)$ 是电信号的幅度随频率变化的波形图，显示这个波形并求其有关参量则是频域分析的任务。

显然，时域分析和频域分析可用来观察同一个电信号，虽然两者的图形不一样，但是两者所得到的结果是可以互译的，即时域分析与频域分析之间有一定的对应关系，从数学上说就是傅里叶变换的关系。

时域分析和频域分析是从时间和频率两个不同的角度去观察同一个信号，故各自得到的结果都只能反映信号的某个侧面。

当需要研究波形严重失真的原因时，时域测量有明显的优点。如在频谱分析仪观察到两个信号的频谱图相同，但由于两个信号的基波、谐波之间的相位不同，在示波器上观察这两个信号的波形可能就不大一样，这时用时域测量方法就比较科学一点。

对于失真很小的波形，用示波器观测就很难看出来，但频谱分析仪能测出很小的谐波分量，此时频域测量就显示出它的优势。

3. 频率特性

在电路的设计和调试中，经常需要了解在输入电压恒定的情况下，电路的输出电压随频率变化的关系，这就是电路的频率特性。

频率特性包含幅频特性和相频特性，其中最经常用的是电路的幅频特性，它反映了电路输出电压的幅度随频率变化的关系；相频特性则反映了电路输出电压的相位随频率变化的关系。

6.1.2　测量频率特性的方法

测量电路频率特性的方法主要有两种：点频测量法和扫频测量法。

1. 点频测量法

点频测量法就是通过逐点测量一系列规定频率点上的电路增益（或衰减），从而确定出幅频特性曲线，其测量框图如图 6.5 所示。

在图 6.5 中，信号发生器为正弦波信号发生器，它作为被测电路的输入信号源，提供频率和电压幅度均可调整的正弦输入信号；电子毫伏表用于测量被测电路的输入电压和输出电压，其中电子毫伏表Ⅰ作为电路输入端的电压幅度指示器，电子毫伏表Ⅱ作为电路输出端的电压幅度指示器；双路示波器用来监测输入电压和输出电压的波形。

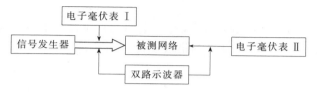

图 6.5　用点频法测量幅频特性的组成框图

　　点频测量法是在被测电路的整个工作频段内，按照规定改变信号发生器的信号频率。当然，在改变输入信号频率的同时，应该用电子毫伏表Ⅰ来监视输入电压的幅度，使其保持恒定。在被测电路的输出端则用电子毫伏表Ⅱ测出与各个频率点相对应的输出电压值，并作好测量数据的记录。然后在直角坐标系中，以横轴表示频率的变化，以纵轴表示输出电压幅度的变化，将每个频率点与对应的输出电压描点，再将各个点连成光滑曲线，即可得到被测电路的幅频特性曲线。

　　点频测量法是一种静态测量法。它的优点是在测量时不需要使用专用仪器，测量的准确度也比较高，能反映出被测电路的静态特性。点频测量法是工程技术人员在没有频率特性测试仪的条件下，进行电路测量的基本方法之一。

　　点频测量法的缺点是操作烦琐、工作量大、容易漏测某些细节，不能反映出被测电路的动态特性。

2. 扫频测量法

　　扫频测量法是利用一个扫频信号发生器取代在点频测量法中的正弦信号发生器，用示波器代替点频测量法中的电子毫伏表，其组成框图如图 6.6(a) 所示。

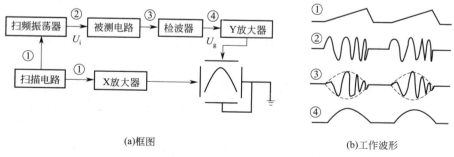

(a)框图　　　　　　　　　　　　　(b)工作波形

图 6.6　用扫频测量法测量幅频特性的组成框图及工作波形

　　在图 6.6(a) 中，扫频振荡器是关键环节，它产生一个幅度恒定且频率随时间连续变化的信号作为被测电路的输入信号，通常称为扫频信号，如图 6.6(b) 中的波形②所示。这个扫频信号经过被测电路后就不再是等幅的，而是幅度按照被测电路的幅频特性作相应变化，输出波形如图 6.6(b) 中的波形④所示，这就是被测电路的幅频特性。

　　扫描电路产生线性良好的锯齿波电压，其波形如图 6.6(b) 中的波形①所示。这个锯齿波电压一方面加到扫频振荡器中对其振荡频率进行调制，使其输出信号的瞬时频率在一定的频率范围内由低到高作线性变化，形成扫频信号；另一方面，该锯齿波电压通过放大后，加到示波管的 X 偏转系统，配合示波管的 Y 偏转信号来显示出电路的幅频特性曲线。

扫频测量法反映的是被测电路的动态特性，测量结果与被测电路的实际工作情况基本吻合。

扫频测量法的测量过程简单，速度快，也不会产生漏测现象，还能边测量边调试，大大提高了电子产品的调试工作效率。例如彩色电视机中放电路的幅频特性就是采用扫频测量法来加以调试完成的。

扫频测量法的不足之处是测量的准确度比点频测量法要低一些。

6.2 测量频率特性的专用仪器

频率特性测试仪简称为扫频仪，是用于测量电路幅频特性的专用仪器。它是将扫频信号源和示波器的显示功能结合在一起的仪器。频率特性测试仪是一种能快速进行实时测量电路幅频特性的仪器，广泛应用于无线电路、有线电路等系统的测试和调整。

6.2.1 频率特性测试仪的组成和作用

频率特性测试仪的组成框图如图 6.7 所示。

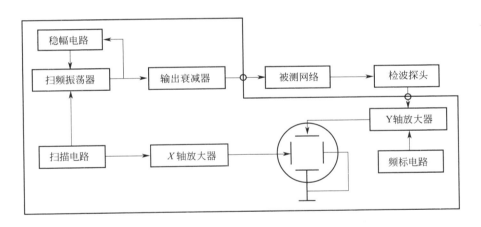

图 6.7 频率特性测试仪的组成框图

检波探头（频率特性测试仪附件）是一个频率特性测试仪外部的电路部件，用于直接探测被测电路的输出电压，它与示波器的衰减探头外形相似，但电路结构和作用不同。在检波探头内，藏有一个晶体二极管，对交流信号起检波作用。

频率特性测试仪有一个输出端口和一个输入端口，输出端口输出等幅的扫频信号，作为被测电路的输入测试信号；输入端口则接收被测电路经检波后的输出信号。在测试电路的过程中，频率特性测试仪与被测电路构成了一个闭合回路。

1. 扫频信号发生器

扫频信号发生器是频率特性测试仪的关键部分，它主要由扫描发生器、扫频振荡器、稳幅电路和输出衰减器构成，如图 6.8 所示。扫频信号发生器具有一般正弦信号发生器的工作特性，输出信号的幅度和频率均可调节。此外，它还具有扫频工作特性，其扫频范围（即频偏宽度）也可以调节。

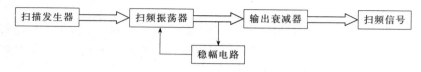

图 6.8　扫频信号发生器的组成框图

扫描发生器用于产生扫频振荡器所需的调制信号及示波管所需的扫描信号。这些信号一般是由 50Hz 市电通过降压之后获得的，这样可以简化电路结构，降低成本。

稳幅电路的作用是减小寄生调幅。扫频振荡器在产生振荡信号的过程中，会产生寄生调幅，必须加以抑制，使扫频信号的振幅保持恒定

输出衰减器用于改变扫频信号的输出幅度。在频率特性测试仪中，衰减器通常有两组：一组为粗衰减，一般是按每挡为 10dB 或 20dB。步进衰减；另一组为细衰减，按每挡 1dB 或 2dB 步进衰减。大多数频率特性测试仪产品的总输出衰减量可达 100dB。

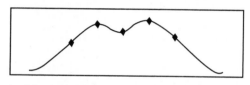

图 6.9　叠加在幅频特性曲线上的频标

2. 频标电路

频标电路的作用是产生具有频率标志的菱形图形，作为一种频率标志叠加在幅频特性曲线上，以便能在屏幕上直接读出曲线上某点相对应的频率值，如图 6.9 所示。测量者在测量电路的幅频特性时，使用频标可对幅频特性曲线进行定量分析和调试。

6.2.2　BT-3 型频率特性测试仪

BT-3 型频率特性测试仪的电路采用晶体管和集成电路设计制作，具有整机功耗低、体积小、重量轻、输出电压高、寄生调幅小、扫频非线性系数小、衰减器精度高、频谱纯度好、显示灵敏度高的优点，主要用来测定无线电电路的频率特性。

1. BT-3 型频率特性测试仪的面板

图 6.10 所示是 BT-3 型频率特性测试仪的面板图。

在面板上各个控制装置及旋钮的名称和作用如下。

① 电源、辉度旋钮：电源、辉度旋钮是一只带开关的电位器，兼电源开关和辉度旋钮两种用途。顺时针旋动此旋钮，即可接通电源；继续顺时针旋动，屏幕上显示的光点或图形亮度增加。使用时亮度不宜过强，光线适中即可。

② 聚焦旋钮：调节此旋钮可使屏幕上光点细小圆亮或使亮线清晰明亮，以保证显示波形的清晰度。

③ 标尺亮度旋钮：在屏幕的四个角上装有四个带颜色的指示灯泡，照亮屏幕的坐标尺度线。旋钮从中间位置向顺时针方向旋动时，屏幕上两个对角线的黄灯亮，屏幕上出现黄色坐标线；从中间位置逆时针方向旋动时，另两个位置的红灯亮，显示出红色坐标线。黄色坐标线便于观察，红色坐标线利于摄影。

④ Y 轴位置旋钮：调节屏幕上光点或图形在垂直方向的位置。

⑤ Y 轴衰减旋钮：有三个衰减挡级。根据输入电压的大小选择适当的衰减挡级。

⑥ Y 轴增益旋钮：调节显示在屏幕上光点或图形在垂直方向的大小。

⑦ 鉴频极性开关：用来改变屏幕上所显示的波形（需要正负极性）。当开关在"＋"位置时，波形曲线向下方向变化（负极性波形）。但曲线波形需要正负方向同时显示时，只能将开关在"＋"和"－"位置往复变动，才能观察曲线波形的全貌。

⑧ Y 轴输入插座：由被测电路的输出端用电缆探头引接插座，其输入信号经垂直放大器，便可显示出该信号的曲线波形。

⑨ 波段开关：输出的扫频信号按中心频率划分为三个波段（第 Ⅰ 波段：1～75MHz；第

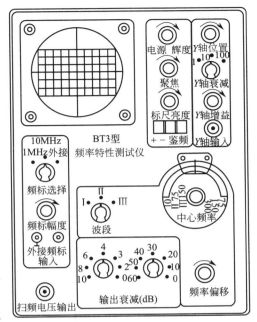

图 6.10 　BT-3 型频率特性测试仪的面板图

Ⅱ 波段：75～150MHz；第 Ⅲ 波段：150～300MHz），可以根据测试需要来选择波段。

⑩ 中心频率度盘：能连续改变中心频率，度盘上所标定的中心频率不是十分准确的，一般是采用边调节度盘，边看频标移动的数值来确定中心频率位置。

⑪ 输出衰减开关：根据测试的需要，选择扫频信号的输出幅度大小。按开关的衰减量来划分，可分为粗调、细调两种。粗衰减：0、10、20、30、40、50、60(dB)，细衰减：0、2、3、4、6、8、10(dB)，粗调和细调衰减的总衰减量为70dB。

⑫ 扫频电压输出插座：扫频信号由此插座输出，可用 75Ω 匹配电缆探头或开路电缆来连接，引送到被测电路的输出端，以便进行测试。

⑬ 频标选择开关：有 1MHz、10MHz 和外接三种。当开关置于 1MHz 时，扫描线上显示 1MHz 的菱形频标；置于 10MHz 时，扫描线上显示 10MHz 的菱形频标；当频标选择开关置于"外接"时，则显示外接信号频率的频标。

⑭ 频标幅度旋钮：调节频标幅度大小。一般幅度不宜太大，以观察清楚为准。

⑮ 频率偏移旋钮：调节扫频信号的频率偏移宽度，以适应被测电路的通频带宽度所需的"频偏"，顺时针方向旋动时，频偏增宽，最大可达±6.5MHz外；反之，则频偏变窄，最小在±0.5MHz内。

⑯ 外接频标输入接线柱：当频标选择开关置于外接频挡时，外来的标准信号发生器的信号由此接线柱引入，此时在扫描线上显示外接频标信号的标记。

2. BT-3 型频率特性测试仪的主要技术指标

BT-3 型频率特性测试仪的主要技术指标有：

① 中心频率。在 1～300MHz 内可任意调节，分为三个波段：第 Ⅰ 波段：1～75MHz；第 Ⅱ 波段：75～150MHz；第 Ⅲ 波段：150～300MHz。

② 扫频频偏。最小扫频频偏≤±0.5MHz，最大扫频频偏＞±6.5MHz。

③ 寄生调幅系数。扫频频偏在±6.5MHz 时≤±6.5％。

④ 调频非线性系数。扫频频偏在±6.5MHz 时≤20％。

⑤ 频标。形状为菱形，分为 1MHz、10MHz 和外接三种。

⑥ 输出扫频信号电压。＞0.1V。

⑦ 输出阻抗。75Ω。

⑧ 扫频信号输出步进衰减。粗衰减：0、10、20、30、40、50、60(dB)；细衰减：0、2、3、4、6、8、10(dB)。

⑨ 检波探头。输入电容≤5pF，最大允许输入直流电压为 300V。

3. 零频频标和各个波段起始频标的识别

（1）零频频标的识别

零频频标是频率为零时的位置标志，是读出各个频标频率的起始点，是非常重要的工作。将"频标选择"开关放在"外接"位置，将"中心频率"旋钮旋至起始位置，适当左右旋转"中心频率"旋钮时，在扫描基线上会出现一只幅度比较大的频标，这就是零频频标。零频频标与其他频标相比，其幅度和宽度明显偏大，很容易识别。即使将"频标幅度"旋钮调至最小时，零频频标也会出现。

如图 6.11 所示是零频频标的示意图。假设现在使用的是内频标，"频标选择"开关放在 1MHz 位置，则在图 6.11 中从左至右各个频标所指示的频率就是 0、1MHz、2MHz、3MHz、4MHz、5MHz。

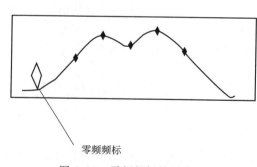

图 6.11　零频频标的示意图

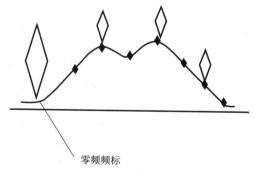

图 6.12　大频标与小频标之间的频率间隔

（2）"1MHz"或"10MHz"频标的识别方法

当"频标选择"开关放在 10MHz 位置时，屏幕上出现的各个频标大小是不一样的，如图 6.12 所示。两个大频标之间的频率间隔为 10MHz，大频标与小频标之间的频率间隔为 5MHz，则零频频标右边的频标依次为 5MHz、10MHz、15MHz、20MHz、25MHz、30MHz、35MHz、…。

（3）各个波段起始频标的识别方法

BT-3 型频率特性测试仪的频率范围分为三挡：0～75MHz、75～150MHz、150～300MHz，可用波段开关切换。

将"频标幅度"旋钮调至适当位置，频标选择放在"1MHz"位置，将波段开关置于

"I"位置，旋转"中心频率"旋钮使扫描基线右移。当基线移动到不能再移的位置时，则屏幕中从左至右对应的第一只频标为0MHz，其他频标从左到右依次为1MHz、2MHz、3MHz、4MHz、5MHz、…、75MHz。

将波段开关置于"Ⅱ"位置，旋转"中心频率"旋钮使扫描基线右移，当基线移动到不能再移的位置时，则屏幕中对应的第一只频标为70MHz，从左到右的大频标依次为80MHz、90MHz、100MHz、…、150MHz。

将波段开关置于"Ⅲ"位置，则屏幕中对应的第一只频标为150MHz，从左到右的大频标依次为160MHz、170MHz、…、300MHz。

4. 使用 BT-3 型频率特性测试仪测量电路的频率特性

使用 BT-3 型频率特性测试仪测量电路的频率特性可以按照下述步骤进行。

（1）示波器显示的检查

检查项目有辉度、聚焦、垂直位移和水平宽度等。首先接通电源，预热几分钟，调节"辉度""聚焦""Y轴位移"等旋钮，使屏幕上显示亮度适中、细而清晰、可上下移动的扫描基线。

（2）扫频频偏的检查

调整"频偏"旋钮，使最小频偏为±0.5MHz，最大频偏为±6.5MHz。

（3）扫频信号频率范围的检查

将输出探头与输入探头对接，转动"波段开关"，在每一个频段都应在屏幕上显示出一矩形方框。频率范围分为三挡：0～75MHz、75～150MHz、150～300MHz，可用波段开关切换。

（4）内、外频标的检查

频标分成内外两种，频率特性测试仪自带的频标称为内频标，从外部仪器引进到频率特性测试仪的频标称为外频标。内频标又分成"1MHz"和"10MHz"两种，指的是两个频率标志之间的频率间隔。图6.13所示是内外频标选择在频率特性测试仪面板上的位置图。

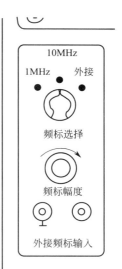

图 6.13 内外频标选择在频率特性测试仪面板上的位置图

使用内频标时，要将"频标选择"开关置于"1MHz"或"10MHz"的频标位置上，在示波管扫描基线上可出现 1MHz 或 10MHz 的菱形频标。调节"频标幅度"旋钮，菱形频标的幅度会发生变化，应调节频标幅度适中为好。调节"频偏"旋钮，可改变各个频标间的相对位置。

使用外频标时，则由外接频标输入插孔送入标准频率信号，在示波器上就能显示出该频率的频标。

（5）接线

将 BT-3 型频率特性测试仪的扫频输出探头接到被测电路的信号输入端，将被测电路的信号输出端通过 BT-3 型频率特性测试仪的输入电缆接到"Y轴输入"插孔。

（6）调试

选择合适的频率波段，则在示波管上会出现一个叠加有频标的幅频特性曲线。找到零频频标，将幅频特性曲线上关键点的频率读下来并记录。在需要对电路进行调试时，可一边看着幅频特性曲线，一边调整电路中的可调元件，直到出现达到要求的幅频特性形状时为止。

5. 使用 BT-3 型频率特性测试仪需要注意的问题

① 在测量时，输出电缆和检波探头的接地线应尽量短，切忌在检波头上加接导线；被测电路要注意屏蔽，否则会加大误差。

② 当被测电路的输出端带有直流电位时，"Y 轴输入"应选用 AC 耦合方式；当被测电路的输入端带有直流电位时，应在"扫频输出"电缆上串接一个容量较小（如 $0.01\mu F$）的瓷片电容，将直流隔掉。

③ 正确选择探头和电缆。BT-3 型频率特性测试仪附有以下四种探头及电缆。

a. 输入探头（检波头）：适于被测电路输出信号未经过检波电路时与"Y 轴输入"相连。

b. 输入电缆：适于被测电路输出信号已经过检波电路时与"Y 轴输入"相连。

c. 开路头：适于被测电路输入端为高阻抗时，将扫频信号输出端与被测电路输入端相连。

d. 输出探头（匹配头）：适于被测电路输入端具有 75Ω 特性阻抗时，将扫频信号输出端与被测电路输入相连。

▶ 6.3　频谱分析仪

用示波器测量可得到信号随时间变化的关系，但无法获知信号的失真数据，尤其是在测量高频信号时，将无可避免地产生信号失真及衰减。为了解决测量高频信号上述的问题，频谱分析仪是一款合适而必备的测量仪器。图 6.14 所示是一款频谱分析仪的外形图。

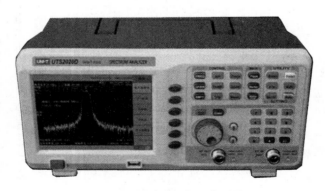

图 6.14　频谱分析仪的外形图

6.3.1　频谱分析仪的功能和种类

1. 频谱分析仪的功能

频谱分析仪的主要功能是测量信号的频率响应。在直角坐标中，用横轴代表频率，用纵轴代表信号电压，用线形刻度或对数刻度显示测量的结果。在高频信号领域里，频谱分析仪是电子工程技术人员不可或缺的设备。

频谱分析仪的应用领域相当广泛，诸如在卫星接收系统、无线电通信系统、移动电话系统，都要用到频谱分析仪。手机信号场强的测量、电磁干扰等高频信号的侦测与分析也要用到频谱分析仪。频谱分析仪也是研究信号成分、信号失真度、信号衰减量、电子组件增益等特性的主要仪器。

频谱分析仪以图形方式显示被测信号的频谱、幅度、频率，可以全景显示，也可以选定带宽测试模式。

2. 频谱分析仪的种类

频谱分析仪按功能可分为下面几大类。

（1）按对信号的分析处理方法分类

按频谱分析仪对信号的分析处理方法，可分为模拟式频谱分析仪、数字式频谱分析仪、模拟/数字混合式频谱分析仪。

模拟式频谱分析仪是以扫描式为基础构成的，采用滤波器将被分析信号中的各频率分量逐一分离。所有早期的频谱分析仪几乎属于模拟滤波式结构，并被沿用至今。

数字式频谱分析仪是非扫描式的，以数字滤波器为基础构成。数字频谱分析仪的分析精度高、性能灵活，但受到数字系统工作频率的限制。目前单纯的数字式频谱分析仪一般用于低频段的实时分析，尚达不到宽频带高精度频谱分析的要求。

目前许多数字式频谱分析仪可以方便地实现不同带宽的 FFT 分析以及两种频率刻度的显示，故这种分类方法并不适用于数字式频谱仪。

（2）按对信号处理的实时性分类

按频谱分析仪对信号处理的实时性分类，可分为实时频谱分析仪、非实时频谱分析仪。

实时分析是指在长度为 T 的时段内，完成频率分辨率达到 $1/T$ 的谱分析；或者待分析信号的带宽小于仪器能够同时分析的最大带宽。在一定频率范围内，如果数据分析的速度与数据采集的速度相匹配，不发生积压现象，这样的分析就是实时的；如果待分析的信号带宽超过仪器能够同时分析的最大带宽，则这种分析就是非实时分析。

（3）按频谱分析仪的频率轴刻度类型分类

按频谱分析仪上的频率轴刻度类型分类，可分为恒带宽式频谱分析仪、恒百分比带宽式频谱分析仪。

恒带宽式频谱分析仪以频率轴为线性刻度，信号的基频分量和各次谐波分量在横轴上等间距排列，适用于周期信号和波形失真的分析。

恒百分比带宽式频谱分析仪的频率轴采用对数刻度，频率范围覆盖较宽，能兼顾高、低频段的频率分辨率，适用于噪声类广谱随机信号的分析。

除此之外，频谱分析仪如按输入通道数目分类，可分为单通道频谱分析仪、多通道频谱分析仪；按工作频带分类，可分为高频频谱分析仪、低频频谱分析仪、射频频谱分析仪、微波频谱分析仪等。

6.3.2 频谱分析仪的主要技术指标和使用注意事项

1. 频谱分析仪的主要技术指标

频谱分析仪的技术指标有很多，但最重要的是下列技术指标。

（1）输入频率范围

输入频率范围是指频谱分析仪能够正常工作的最大频率区间，由扫描本振的频率范围决定。现代频谱分析仪的频率范围通常可从低频段至射频段，甚至微波段，如 1kHz～4GHz。这里的频率是指中心频率，即位于显示频谱宽度中心的频率。

（2）分辨力带宽

分辨力带宽是指分辨频谱中两个相邻分量之间的最小谱线间隔，单位是 Hz。它表示频谱分析仪能够把两个彼此靠得很近的等幅信号分辨开来的能力。定义窄带滤波器幅频特性的 3dB 带宽为频谱分析仪的分辨力带宽。

（3）灵敏度

灵敏度是指在给定分辨力带宽、显示方式和其他影响因素下，频谱分析仪显示最小信号电平的能力，以 dBm、dBu、dBv 等单位表示。当测量小信号时，信号谱线是显示在噪声频谱之上的。为了易于从噪声频谱中看清楚信号谱线，一般信号电平应比内部噪声电平高 10dB。另处，仪器的灵敏度还与仪器的扫频速度有关。

（4）动态范围

动态范围是指能以规定的准确度测量同时出现在输入端的两个信号之间的最大差值。动态范围的上限受到电路非线性失真的制约。频谱分析仪的幅值显示方式采用对数显示时，可在有限的屏幕高度范围内，获得较大的动态范围。频谱分析仪的动态范围一般在 60dB 以上，有的仪器可达到 100dB 以上。

（5）频率扫描宽度

频率扫描宽度也称为分析谱宽、扫宽、频率量程、频谱跨度等，是指频谱分析仪显示屏幕最左和最右垂直刻度线内所能显示信号的频率范围（频谱宽度）。扫描宽度表示频谱分析仪在一次测量过程中所显示的频率范围，可以小于或等于输入频率范围。频率扫描宽度可根据测试需要自动调节或人为设置。

（6）扫描时间

扫描时间是指进行一次全频率范围的扫描并完成测量所需的时间，也称为分析时间。通常扫描时间越短越好，但为保证测量精度，扫描时间必须适当。与扫描时间相关的因素主要有频率扫描范围、分辨率带宽、视频滤波。现代频谱分析仪通常有多挡扫描时间可选择，最小扫描时间由测量通道的电路响应时间决定。

（7）幅度测量精度

幅度测量精度有绝对幅度精度和相对幅度精度之分，均由多方面因素决定。绝对幅度精度是针对满刻度信号的指标，受输入衰减、中频增益、分辨率带宽及校准信号本身精度的综合影响；相对幅度精度与测量方式有关，在理想情况下仅有频响和校准信号精度两项误差来源，测量精度可以达到非常高。仪器在出厂前都经过校准，各种误差已被分别记录下来并用于对实测数据的修正，显示出来的幅度精度已有所提高。

2. 使用频谱分析仪需要注意的问题

（1）频谱分析仪的最大烧毁功率

这里以有线电视信号的频谱测量为例作介绍。

对于一个有线电视信号，它包含许多图像和声音信号，其频谱分布非常复杂。在接收卫星电视信号时，能同时收到多个信道，每个信道都有一定的频谱成分，每个信道都占有一定的带宽。这些信号都要从频谱分析的角度来得到所需要的参数。

有线电视输出信号的范围很广，一般城市有线电视台能同时播放近百个频道的节目。这近百个电视信号是同时进入接收机的，其总功率是叠加的，而所看的电视节目只能是其中之一。同理，送入频谱分析仪输入端口的信号是所采集信号的总和，所输入到频谱分析仪的信号功率是总功率。由此引入一个频谱分析仪的参数：最大烧毁功率。这个值若是1W或是用 +30dBm 来表示，也就是说输入到频谱分析仪的信号功率总和不能超过 1W，否则将会烧毁仪器的衰减器和混频器。

例如测量一个卫星电视信号，设其下传频率为 12GHz，其功率可能只有 −80dBm 左右，这是很小的，但要知道输入到频谱分析仪的信号是由很多信号叠加组成的。若在卫星电视信号中有一个很强的信号，即使用户没有看这个大功率信号的节目，若输入信号功率的总和大于 1W，也是要烧毁频谱分析仪的。

为了保证仪器的安全，频谱分析仪在输入信号时并没有直接将其接入混频器，而是首先接入一个衰减器。衰减器的衰减值是步进的，分别为 0dB、−5dB、−10dB，最大为 −60dB。频谱分析仪中的混频器本身还有衰减。

（2）频谱分析仪的中频及其带宽

频谱分析仪中的本振频率和接收到的信号混频之后，并不是只产生一个单一中频，它的中频信号非常丰富，所有这些信号都会从混频器中输出。频谱分析仪中用一个带通滤波器把中心频率设在 21.4MHz 上，滤除其他信号，提取 21.4MHz 的中频信号。通过中频滤波器输出的信号，才是所要检测的信号。

滤波器在工作中有几个因素：中心频率是 21.4MHz，固定不变，其 −3dB 带宽可以改变。比如对广播信号来说，其带宽一般是几十千赫，若信号带宽是 25kHz，中频的带宽一定要大于 25kHz，这样才能使所有的信号全部进来。如果太宽，就会混入其他信号；如果太窄，信号只能进来一部分，这样信号是解调不出来的。

（3）频谱分析仪要分析的两个参数

频谱分析是在频域分析信号的两个参数，一个是幅度，另一个是频率。测量时既要知道信号的幅度，还要将频率和幅度对应起来，这样的分析才有实际意义。

6.3.3 典型频谱分析仪的特点

1. 多通道实时频谱分析仪

实时频谱分析仪因为能同时显示所有的频率分量，而且保持了两个信号间的时间关系（相位信息），使它不仅能分析周期信号、随机信号，而且能分析瞬时信号。一种多通道实时频谱分析仪的组成框图如图 6.15 所示。

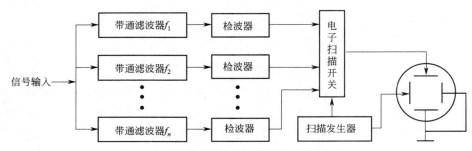

图 6.15　多通道实时频谱分析仪的组成框图

　　在图 6.15 中，有很多个带通滤波器，输入信号是同时送到每个带通滤波器的。带通滤波器的输出表示输入信号中被该滤波器通带内所允许通过的那一部分能量，再经由检波器和电子扫描开关，将信号传送到示波器的荧屏上，因此显示器上显示的是各带通滤波器通带内的信号的合成信号。由于受滤波器数量及带宽的限制，这类频谱分析仪主要工作在音频范围。

2. 快速傅里叶频谱分析仪

　　快速傅里叶频谱分析仪的组成框图如图 6.16 所示。快速傅里叶频谱分析仪的核心是对函数进行傅里叶变换的计算机分析，因此需要使用高速计算机进行频率谱的计算。

图 6.16　快速傅里叶频谱分析仪的组成框图

　　根据采样定理：最低采样速率应该大于或等于被采样信号最高频率的两倍，所以傅里叶频谱分析仪的工作频段一般在低频范围内。如 HP3562A 型频谱分析仪的分析频带为 $64\mu Hz \sim 100kHz$，RE-201 型频谱分析仪的分析频带为 $20Hz \sim 25kHz$。

3. 扫描调谐频谱分析仪

　　扫描调谐频谱分析仪对输入信号按时间顺序进行扫描调谐，因此只能分析在规定时间内频谱几乎不变化的周期重复信号。这种频谱分析仪有很宽的工作频率范围，可达几十兆赫。常用的扫描调谐频谱分析仪又分为扫描射频调谐频谱分析仪和超外差调谐频谱分析仪两种。

　　扫描射频调谐频谱分析仪的组成框图如图 6.17 所示，利用中心频率可电调谐的带通滤波器来调谐和分辨输入信号。

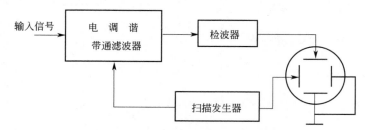

图 6.17　扫描射频频调谐频谱分析仪简化框图

4. 超外差调谐频谱分析仪

超外差调谐频谱分析仪利用超外差接收机的原理，将频率可变的扫频信号与被分析信号进行差频，再对所得的固定频率信号进行测量分析，由此依次获得被测信号不同频率成分的幅度信息。超外差频谱调谐分析仪的组成框图如图 6.18 所示。

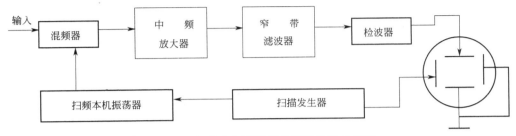

图 6.18　超外差调谐频谱分析仪的组成框图

超外差调谐频谱分析仪实质上是一种具有扫频和窄带滤波功能的超外差接收机，用扫频振荡器作为本机振荡器，中频电路接有频带很窄的滤波器，按外差方式选择所需的频率分量。当扫频振荡器的频率在一定范围内扫动时，与输入信号中的各个频率分量在混频器中产生差频（中频），使输入信号的各个频率分量依次落入窄带滤波器的通带内，被滤波器选出并经检波器加到示波器中，这时屏幕上将显示出输入信号的频谱图。

图 6.19 所示是典型产品 QF-4031 型频谱仪的外形图。QF-4031 型频谱分析仪具有频谱宽、动态范围大、频响好、平坦度良好等特点，主要用于对各种无线电信号的频谱分析及幅度测量，并能对调幅、调频、脉调、失真、频谱纯度以及噪声等参数进行测量。

QF-4031 型频谱分析仪的主要技术指标有：

频率范围为 50Hz～1.7GHz，分两个频段。

四位 LED 显示。

扫频宽度分为全扫、零扫、每格扫。

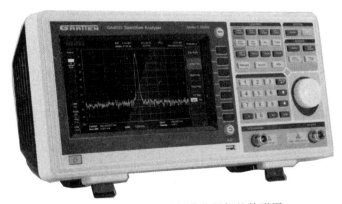

图 6.19　QF-4031 型频谱分析仪的外形图

6.3.4　使用 BT-3 型频率特性测试仪测量频率特性

彩色电视机中频放大器（中放）的频率特性是保证电视机有优质图像和声音的重要技

术指标，在实际生产中需要使用 BT-3 型频率特性测试仪进行调试。

电视机中频放大器的频率特性调试包含通频带和增益两个内容。

1. 电视机中频放大器通频带的测量与调试

测量与调试的步骤如下：

① 将 BT-3 型频率特性测试仪开机预热，调节辉度、聚焦旋钮，使图像清晰、基线与扫描线重合、频标显示正常，将波段开关置于"1"位置，中心频率为 30MHz，频带宽度为 ±5MHz。

② 将"扫频电压输出"与带有 75Ω 匹配电阻的电缆连接，将"Y 轴输入"连接到带有检波器的电缆上，把以上两根电缆的探头直接相连。将 Y 轴衰减置于"1"位置，将 Y 轴增益旋至最大位置，调节"输出衰减"使屏幕上显示的曲线呈矩形，曲线幅度接近满刻度，记下此时的曲线高度 H（如 5 大格），记下输出衰减的分贝数 N_1（如 12dB）。

③ 连接电视机中频放大器电路。按图 6.20 连接电路，输出电缆探头接一个 510pF 的瓷片电容后，再接到中频放大器的输入端（引入瓷片电容，是为了防止影响放大器电路的偏置电压）。带检波器电缆探头经 1kΩ 隔离电阻接于中频放大器的输出端（利用隔离电阻可以减小检波器的输入电容对调谐频率的影响）。

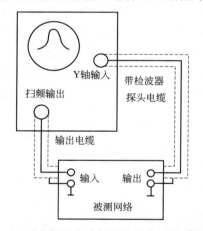

图 6.20　电视机中放板幅频特性测量连接图

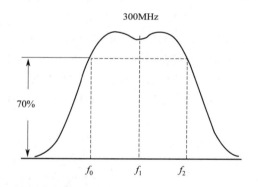

图 6.21　电视机中频放大器的频率特性曲线

④ 电视机中放电路带宽的测量和调试。调节中频放大器三个中周的磁芯，使 BT-3 型频率特性测试仪显示的波形曲线达到如图 6.21 所示，利用频率特性测试仪上的频标，确定被测网络的幅频特性曲线的频带宽度。该放大器的带宽为

$$B = f_2 - f_1$$

2. 电视机中放电路增益的测量和调试

将 BT-3 型频率特性测试仪的 Y 轴衰减置于"10"挡上（相当于衰减 20dB），衰减数记为 N_1，调节粗、细"输出衰减"旋钮使因接入放大器而变化的曲线高度仍恢复为 H（如 5 大格），记下粗、细输出衰减旋钮的总分贝数 N_2（如 42dB），则该中频放大器的电压增益 K 为

$$K = N_1 + N_2 \text{(dB)}$$

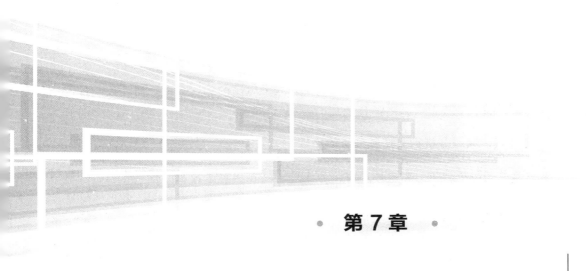

• 第 7 章 •

⇲ 数据信号测量

数字式测量仪器在现代电子测量设备中所占的比重越来越大。数字式测量仪器在测量速度、测量准确度和显示结果的清晰直观方面，都具有模拟式测量仪器不可比拟的优点。随着大规模集成电路和计算机技术的发展，现代数字测量系统已逐步微机化和智能化，测量系统的功能大大增强，能完成许多复杂的任务。

由于在数字系统中处理的是以离散时间为自变量的一些脉冲序列，传统的时域测量和频域测量已无能为力，因而产生了"数据域测量"这一新的测量领域，相应的测量分析技术也就称为数据信号的测量技术。

在数据信号的测量中，电路逻辑功能的测量是最重要的，逻辑分析仪就是用于数字电子设备和系统的测量仪器。

▶ 7.1 数据域分析与测量

7.1.1 数据域分析

1. 数据域分析的对象

数据域分析的对象是数字逻辑电路，数字逻辑电路是以二进制数字的方式来表示信息的。在每一时刻，多位 0、1 数字的组合（二进制码）称为一个数据字，数据字随时间的变化按照一定的时序关系形成了数字系统的数据流。对数据流的测量和分析就是数据域分析的内容。

在数据域分析中，自变量可以是离散的等时间序列（如电子表中的计数器时钟序列），但在多数情况下不以等时间间隔的方式出现。

在数据域测量中，人们关心的并不是每条信号线上电压的确切数值，而是关心各信号在自变量对应处的电平状态（是高还是低）。

2. 时域分析、频域分析和数据域分析的比较

数据域测量和时域测量、频域测量有很大不同，这是由数字信号的特点决定的。数据信号在时间上和幅度上都是离散的信号，是用数字或符号的序列来表示的，必须通过计算机去处理这些序列，提取其中的有用信息。

时域分析、频域分析和数据域分析的比较如表 7.1 所示。在表 7.1 中，数据域测量的对象是一个十进制计数器，自变量为计数时钟序列，输出为 4 位二进制码组成的数据流。数据流可以是以波形表示的，也可以是以"数据字"表示（如二进制码）的。两种表示方式虽然形式不同，表示的数据流内容却是一致的。

表 7.1 时域分析、频域分析和数据域分析的比较

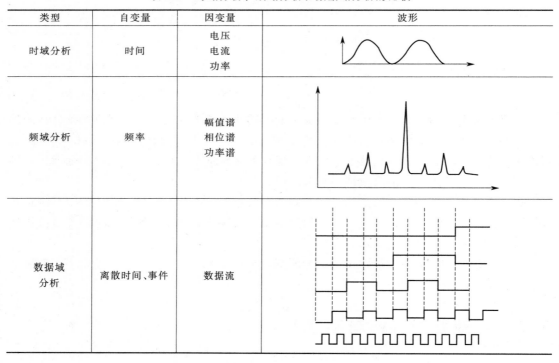

类型	自变量	因变量	波形
时域分析	时间	电压 电流 功率	
频域分析	频率	幅值谱 相位谱 功率谱	
数据域 分析	离散时间、事件	数据流	

3. 数据信号的特点

（1）数据信号按时序传递

数字系统都具有一定的逻辑功能，为实现这些功能，需要严格按一定的时序工作。系统中的信号都是有序的信号流，因此对数字设备的测量最重要的就是测出各信号间的时序和逻辑关系是否符合实际要求，这是数据域测量的主要任务之一。

（2）数据信号一般多位传输

数据信号经常在总线中传输，如计算机数据总线上的数字、指令总线上的指令、地址总线上的地址等，它们都是按一定编码规则的位（bit）组成的，通常情况下这些数据都

是多位的。因此，要求数据测量仪器能同时进行多路测量。

（3）数据信号一般采用多方式传递

数字系统的结构和数据的格式差别很大，数据的传递方式也是多种多样的。在同一数字系统中，数据信息的传递方式有串行传递和并行传递、同步传递和异步传递，有时串行传递与并行传递之间还要转换。因此，数据域测量中要注意系统的结构、数据的格式、测量点的选择以及彼此间的逻辑关系，以便获取有意义的数据。

（4）数据信号的速度变化范围宽

在数字系统中，数据信号的速度变化范围很宽，例如计算机系统的高速主机与低速打印机、传真机等同时工作。中央处理器（CPU）具有 ps（10^{-12}s）量级的分辨率，而传真机输入键的选通脉冲为 ms（10^{-3}s）级。可见，要求数据域测量设备的采样频率范围要宽，具有同时采集不同速度数据的能力。

（5）数据信号为脉冲信号

数据信号为脉冲信号，各通道信号的前沿很陡，其高次谐波很多，频谱分量十分丰富。因此，数据域测量必须注意选择开关器件，并注意信号在电路中的建立时间和保持时间。

（6）数据信号多是单次信号或非周期性信号

数字设备的工作是时序的，在执行一个程序时，许多信号只出现一次，或者仅在关键的时候出现一次（例如中断事件）；某些信号也可能重复出现，但并非时域上的周期信号，因此用通用示波器一类的测量仪器难以进行观测和分析。

7.1.2　数据域的测量

1. 数据域测量的特点

数据域测量有如下特点。

① 数字系统的响应和激励间不是线性关系。数字系统可能存在的记忆特性，如 t 时刻的输出响应，既取决于 t 时刻的输入，又取决于在此以前的输入，甚至可能与从初始状态一直到时刻 t 的所有输入都有关系等，给数字系统的故障诊断带来诸多困难。

② 故障的诊断没有直接性。数字系统的数据域测量只能从外部有限测量点和结果推断内部过程或状态，一般无法直接判断数字系统内部的过程或状态。

③ 数字系统存在软件故障。在数据流中因干扰或时序配合不当出现的故障，可能从导致计算机硬件工作不正常开始，这种失常有时在程序执行过程中以软件故障的形式体现出来。

④ 故障具有延迟性。数字系统内部事件一般不会立即在输出端表现。

⑤ 数字系统的故障不易捕获和辨认。数字系统中存在的各种反馈电路，对电路故障的侦查和定位带来困难。

2. 数据域测量系统的类型

数据域测量系统按被测对象可分为组合逻辑电路测量系统和时序逻辑电路测量系统。组合逻辑电路测量系统是专门用来对组合逻辑电路进行测量的系统，如对各种逻辑门电路进行测量，从逻辑电路的输入信号和输出信号的逻辑关系来判断逻辑门电路质量。

时序逻辑电路测量系统是专门用来对时序逻辑电路进行测量的系统，如对各种计数器、寄存器和触发器电路进行测量，从时序逻辑电路的输入信号和输出信号的逻辑关系来判断时序逻辑电路质量。

3. 数据域测量系统的组成

一个典型数据域测量系统的组成如图 7.1 所示。

图 7.1　数据域测量系统的组成

（1）数字信号源

数字信号源的作用是为数字系统的测量提供输入激励信号。数字信号源可产生图形宽度可编程的并行和串行数据图形、产生输出电平和数据速率可编程的任意波形、产生可由选通信号和时钟信号控制的预先规定的数据流等。

（2）特征分析

特征分析是对故障进行侦查和定位。采用特征分析技术，从被测电路的测量响应中提取出"特征"，通过对无故障特征和实际特征的比较，就能进行故障的侦查和定位。特征分析技术具有很高的检错率。

（3）逻辑分析

逻辑分析用于测量和分析多个信号之间的逻辑关系及时间关系。

（4）时序参数测量

时序参数测量可将时序电路中的各个参数测量出来并加以显示。

4. 数据域测量的故障诊断

在数字电路系统中，故障不在于信号的波形变化和电位变化，而在于信号之间的逻辑关系是否满足要求，而且缺陷和故障并非一一对应。在数字电路系统工作过程中，存在着各种信号的逻辑关系，当不满足规定的逻辑关系时即发生错误。错误数据往往混合在正确的数据流中，甚至当发现故障时其产生原因早已过去。

例如在数据流中因干扰或时序的配合不当，会出现持续时间明显小于时钟周期的尖脉冲，这将导致计算机的硬件工作不正常，这种失常有时在程序执行过程中以软件故障的形式体现出来。因此，数字电路系统要求数据测量仪器具有存储功能。

在数据域测量中判断被测电路是否存在故障称为故障侦查，查明故障原因、性质和产生的位置称为故障定位，故障侦查与故障定位合称为故障诊断。

5. 数字系统的故障模型

数字系统的故障主要有以下四个模型：

① 固定型故障。固定型故障是指故障总是固定在某一逻辑值上，包括固定 1 故障和固定 0 故障。

② 桥接故障。桥接故障是指两根或多根信号线之间的短接故障。

③ 延迟故障。延迟故障是指因电路延迟超过允许值而引起的故障。

④ 暂态故障。暂态故障主要包括瞬态故障和间歇性故障两种类型。

7.2 数据域测量的专用仪器

数据域测量需要使用的电子测量仪器主要有宽带示波器、逻辑笔和逻辑分析仪等。

数据域测量分为静态测量和动态测量两种类型。静态测量是在没有信号输入情况下测量输出信号的逻辑状态，动态测量是在有脉冲序列信号输入情况下测量输出信号的逻辑状态。

7.2.1 使用宽带示波器测量数据域

宽带示波器与一般示波器最大的区别就是它能测量波形前后沿很陡峭的脉冲信号。因为数字信号都是脉冲信号，所以测量脉冲信号就必须使用宽带示波器。宽带示波器的频率上限很高，用示波器测量一个由触发器构成的异步十进制计数器的逻辑功能，可测出其脉冲序列和各处的波形。

衡量宽带示波器的质量和性能主要看下面的两个指标。

1. 带宽

带宽是宽带示波器的最重要指标。带宽越大，示波器所能显示的信号频率分量越丰富，也就更加接近真实的信号波形，但是带宽并不等于所测量信号的最高频率。对于一般示波器而言，其标注的带宽表示示波器能测量标准正弦波信号的能力。对于不是正弦波信号的测量，通常会按被测信号频率的三倍来考虑示波器的带宽。比如带宽为 100MHz 的示波器只能测量频率为 30MHz 左右的信号。

图 7.2 所示是一款带宽为 100MHz 的宽带示波器的外形图。

图 7.2 带宽为 100MHz 的宽带示波器外形图

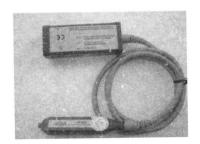

图 7.3 1GHz 带宽的无源探头

确切地说，决定示波器带宽的不是被测信号的频率，而是信号的上升沿和下降沿。判断一个信号是不是高速信号，也应该通过信号的上升沿和下降沿进行判断，而不只是信号的频率。例如，一个方波信号的频率哪怕只有 100Hz，但是如果方波信号的前沿只有 100ps，那么也得把方波信号作为高速信号来看待。

因此，决定示波器带宽的重要因素是被测信号的最快上升时间。示波器的系统带宽由示波器带宽和探头带宽共同决定，例如1GHz带宽的示波器需要配置1GHz带宽的无源探头。图7.3所示是一款1GHz带宽的无源探头，其价格为4500元。

当然，带宽越宽的示波器，其价格就越高。例如，美国力科公司生产的带宽为350MHz的示波器，其价格就是九万多。又如，力科公司生产的最高带宽为45GHz的示波器，其价格高达百万。国产的100MHz宽带示波器，价格则要便宜许多，一般在两千元左右。

2. 采样频率

宽带示波器还有一个主要参数是采样频率。根据采样定律，采样频率必须两倍于信号的最高频率才能保证被测信号可以被真实地重构出来。现在生产的数字式宽带示波器的最高采样频率可以达到20GHz。

采样频率也可以用采样速率来表示。比如示波器的采样速率是5MSa/s，是指信号在采集过程中每秒钟采集了5000000个样本，也就是其采样频率为5MHz。

我国近年来在宽带示波器的生产上也有飞跃进步，诞生了许多知名品牌，而且在价格上具有明显优势。

7.2.2　使用逻辑笔测量数据域

逻辑笔是一种简易的数据域测量设备，可用来测量比较简单的数字电路信号的稳定电平、单个脉冲或极低速脉冲序列。一款有三灯指示的逻辑笔外形图如图7.4所示。

图7.4　有三灯指示的
逻辑笔外形图

1. 逻辑笔的结构及电路框图

逻辑笔是在数字域检测中方便实用的工具，但它只适用于测量单路信号。它的外形像一支电工用的试电笔，能方便地探测数字电路中各点的逻辑状态。常见逻辑笔的结构如图7.5所示。

在逻辑笔顶部的指示灯中，红灯用来指示逻辑"1"（高电平），绿灯用来指示逻辑"0"（低电平）。对于具有三灯指示的逻辑笔，其黄灯用来指示高阻状态。

逻辑笔电路的组成框图如图7.6所示。

2. 逻辑笔的逻辑状态与响应关系

逻辑笔在测量时的逻辑状态与响应关系如下：
① 稳定逻辑"1"状态，红灯稳定亮；
② 稳定逻辑"0"状态，绿灯稳定亮；
③ 在逻辑"1""0"的中间状态时，两灯均不亮；
④ 信号为单次正脉冲时，显示为"绿—红—绿"；
⑤ 信号为单次负脉冲时，显示为"红—绿—红"；
⑥ 信号为低频脉冲序列时，红灯、绿灯交替显示。

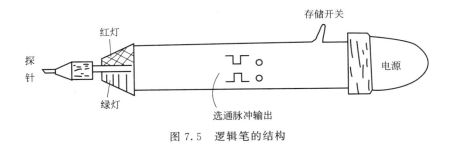

图 7.5　逻辑笔的结构

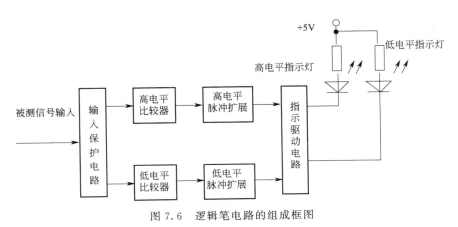

图 7.6　逻辑笔电路的组成框图

3. 逻辑笔的功能特点

逻辑笔具有记忆功能。在测量时，指示灯与对应的逻辑电平对应发出红光或绿光。当探针离开测量点后，指示灯仍保持这种发光状态，便于使用者记录被测量的状态。逻辑笔上有一个存储开关，将存储开关复位后这种记忆可消除。

有的逻辑笔自身还有选通脉冲输出，将选通脉冲接至被测电路中的某一选通点上，逻辑笔会随着选通脉冲的加入而自动做出响应。

7.2.3　使用逻辑夹测量数据域

逻辑夹也是一种简易测量数据域信号的设备。逻辑夹的工作原理与逻辑笔的工作原理基本相同，但逻辑笔只能测量单路信号，而逻辑夹可以同时测量多路信号以及同时显示集成电路所有端点的逻辑状态。图 7.7 所示是一款逻辑夹的外形图。

1. 逻辑夹电路的组成

逻辑夹电路的组成框图如图 7.8 所示，在图 7.8 中只画出了探测一路信号的情况。逻辑夹电路的每个输入端点都连接了一个门判网络，通过一个非门驱动相应的发光二极管发光。

2. 逻辑夹的使用

逻辑夹一般与逻辑脉冲发生器配合使用，可以迅速地找出电路的逻辑故障。尤其是在

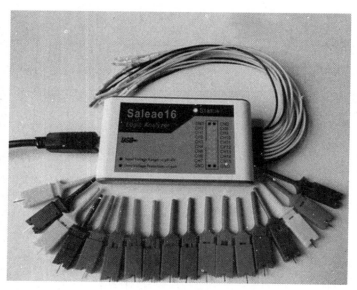

图 7.7 逻辑夹的外形图

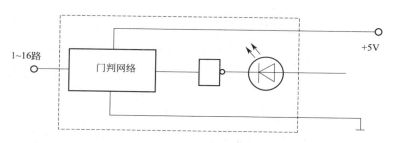

图 7.8 逻辑夹电路的组成框图

脉冲发生器的输出信号频率较低时，使用逻辑夹进行测量可以清楚地显示各种门电路、触发器、计数器等逻辑电路全部输入端和输出端之间的逻辑关系。

7.2.4 使用逻辑信号发生器测量数据域

逻辑信号发生器是专门用于产生脉冲信号的仪器，其形状和大小与逻辑笔类似。最简单的逻辑信号发生器是单脉冲发生器，常做成笔形。图 7.9 所示是一款常见的逻辑信号发生器的外形图。

现在的逻辑信号发生器功能有了很大增加，能产生有较强驱动能力的脉冲，其幅度和极性都可以加以选择。

图 7.9 逻辑信号发生器的外形图

1. 逻辑信号发生器的组成

逻辑信号发生器的组成框图如图 7.10 所示。

2. 逻辑信号发生器的功能

逻辑信号发生器的功能主要如下：

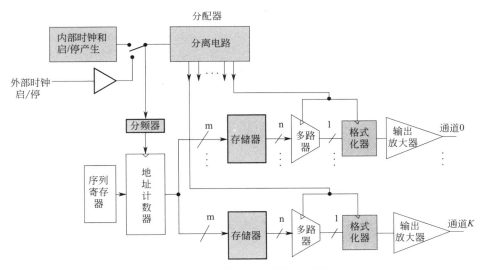

图 7.10　逻辑信号发生器的组成框图

① 为数字系统的测量提供输入激励信号。

② 产生图形宽度可编程的并行和串行数据图形。

③ 产生输出电平和数据速率可编程的任意波形。

④ 产生可由选通信号和时钟信号控制的预先规定的数据流。

3. 逻辑信号发生器的使用

逻辑信号发生器可以产生较为复杂的测量图形。这些图形可以通过微程序控制电路来产生，也可以把所需的标准图形事先存入大容量的存储器中，需要时调出来以供测量用。

逻辑信号发生器作为数据域测量的信号源，是必不可少的数据域测量仪器之一。逻辑信号发生器操作使用方法很简单，只要接通电源，选好输入图形，将逻辑信号发生器的笔状触头接到被测电路的信号输入端即可。

7.2.5　使用逻辑分析仪测量数据域

逻辑分析仪是在数据域测量中最为先进的测量仪器，能满足数据域测量的各种要求。逻辑分析仪以荧光屏显示为主要输出方式，故有逻辑示波器之称。图 7.11 所示是一款具有 16 通道逻辑分析仪的外形图，但是这款逻辑分析仪显然是需要外加示波器的，一般逻辑分析仪上都安装有连接示波器的接口。

图 7.12 所示是一款具有连接双通道示波器接口并且带有模拟信号发生器的逻辑分析仪的外形图。

1. 逻辑分析仪的发展

逻辑分析仪是由多线示波器的设计思路发展而制成的，1973 年美国 HP 公司及 BIO-MATION 公司分别研制成功逻辑分析仪。逻辑分析仪自问世以来，在短短时间内得到了飞速的发展，迄今其产品已经经历四代。正因为逻辑分析仪的问世，才出现了所谓的数据域测量技术。

图 7.11　具有 16 通道逻辑分析仪的外形图

图 7.12　具有连接双通道示波器接口的逻辑分析仪外形图

逻辑分析仪的第一代产品功能简单，只具有基本触发功能和显示方式；第二代产品在触发功能和显示方式上有较大改进，实现了微机控制；第三代产品将定时分析和状态分析结合在一起，便于对系统的软件和硬件进行交互分析；第四代产品则完全实现了计算机控制，功能趋于完善，成为一个能测量数据域所有参数的仪器系统。

2. 逻辑分析仪的类型

先进的逻辑分析仪可以同时检测几百路速度不同、电平标准不同的数字信号，具有灵活多样的触发方式，可以在数据流中选择感兴趣的观察窗口，拥有映射圈、流程图或列表等多种显示方式。尤其是在对嵌入式（以专用计算机为内核）系统的软、硬件设计和集成调试方面，逻辑分析仪具有突出的优越性，是不可或缺的分析测量仪器。

根据显示方式和定时方式的不同，逻辑分析仪可分为两大类：逻辑状态分析仪和逻辑定时分析仪。两类分析仪的基本结构是相似的，目前生产的逻辑分析仪已经兼有状态分析和定时分析两种功能。

按照逻辑分析仪的结构分类，又可分为台式逻辑分析仪、便携式逻辑分析仪、外接式逻辑分析仪、卡式逻辑分析仪。

此外，还有用于数字系统现场维修的特征分析仪。将逻辑分析仪设计制造在这些数字系统中，给仪器标上"特征"（一串数据码）。在维修数字系统时，把实测数据与仪器中的特征值进行比较，即可迅速查出故障点。

3. 逻辑分析仪的特点

逻辑分析仪的特点如下：

① 输入通道多。通道数是逻辑分析仪的一个重要指标。通道数越多，逻辑分析仪所能检测的数据信息量越大，就更能充分地发挥它的功用。如要检测一个具有 16 位地址的微机系统，逻辑分析仪至少应有 16 个输入通道。若考虑到同时需要监视数据总线、控制信号和 I/O 接口信号，则需要有 32 个或更多的输入通道。

一般逻辑分析仪的数据输入通道数为 8～64 个，为了不影响被测点的电位，每个通道都由高阻抗的探针接入被测点。

② 数据捕获能力强，具有多种灵活的触发方式。逻辑分析仪的触发方式很多。对于软件分析，这些触发功能使它可以跟踪系统运行中的任意程序段；对于硬件分析，触发方式可以解决检测与显示系统中存在的"毛刺"问题。评价一种逻辑分析仪的好坏，最重要的一项指标就是其触发方式的数量。

③ 具有较大的存储深度，可以观察单次或非周期性信号。逻辑分析仪内部有高速数据存储器，因此它能快速记录数据。存储器容量也是逻辑分析仪的另一个重要指标，它决定了跟踪一次能获取数据的数量。这种记忆能力使逻辑分析仪可以观察单次现象和诊断随机故障。

④ 显示方式丰富。为适应不同分析方法的需要，逻辑分析仪有相应的显示方式。对于系统的功能分析，逻辑分析仪有功能显示；为便于了解系统工作的全貌，逻辑分析仪有图形显示；对于时间关系分析，逻辑分析仪有用高低电平表示逻辑状态的时间波形图显示；对于电气性能分析，逻辑分析仪有窄脉冲显示以及表示输入信号幅度和前后沿的电平显示等。

⑤ 能够捕捉并显示来自系统内部的噪声和外部干扰引起的"毛刺"等。

4. 逻辑分析仪的硬件测量及故障诊断

逻辑分析仪主要用于硬件电路的测量，比如可用于观测计算机内部设备性能指标的测量，观测毛刺对硬件电路的影响等。

逻辑定时分析仪主要用于硬件电路测量，比如可用于观测计算机内部设备性能指标测量，观测毛刺对硬件电路的影响等。用逻辑分析仪对硬件测量及故障诊断的连接如图 7.13 所示。

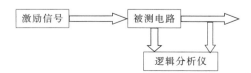

图 7.13　逻辑分析仪对硬件电路测量及故障诊断的连接图

5. 逻辑分析仪的软件测量与故障分析

逻辑分析仪还有一个重要的用途就是能分析计算机软件,它是跟踪、调试程序及处理软件故障的有力工具,而且通过对软件各模块的监测与效率分析有助于软件的改进。

图 7.14 所示是逻辑分析仪对分支程序的跟踪测试图。

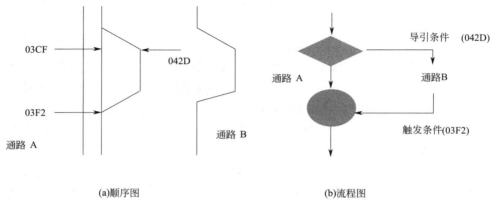

(a)顺序图   (b)流程图

图 7.14 逻辑分析仪对分支程序的跟踪测试图

在程序中包含了许多子程序及分支程序,可以将分支条件或子程序入口作为触发字,采用多级序列(可达 16 级以上)触发的方式,跟踪不同条件下程序的运行情况。

通过上述分析可以看出,逻辑分析仪对数字系统、计算机及微机化产品的研制、维修及分析是非常有用的工具。

现代逻辑分析仪的测量部分采用灵活的模块结构,可插入各种模块插件以完成要求的测量任务。每个模块可单独执行测量任务,模块之间还可进行交互测量(交互测量可完成单个模块难以完成的测量)。例如用定时分析仪可捕获毛刺,但不能给出毛刺的幅度和宽度,而示波器则对捕获的毛刺波形的幅度和宽度具有很高的分辨力。模块的更换和交互测量为逻辑分析仪提供了更强的功能。

6. 逻辑分析仪的实际操作

(1) 使用逻辑分析仪对二-十六进制计数器的状态流信号进行测量

使用逻辑分析仪对二-十六进制计数器的状态流信号进行测量,测量步骤如下:

① 将逻辑分析仪探极的四个通道接到二-十六进制计数器的四个输出端,将数据信号发生器的输出端接到二-十六进制计数器的 CP 输入端。

② 选择触发字,若选 0000,将"触发方式"置于"起始显示"。

③ 接通电源,则在逻辑分析仪的 CRT 上显示出二-十六进制计数器的输出状态流,如图 7.15 所示。

(2) 使用逻辑分析仪测试 ROM 芯片的最高工作频率

① 按照图 7.16 所示进行连线,将逻辑分析仪的探极夹接到被测电路中。

② 选择触发字和触发方式,让数据发生器低速工作,将采集到的 ROM 作为标准数据。

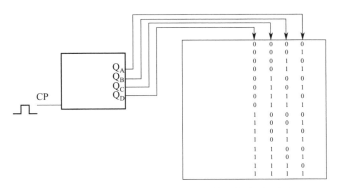

图 7.15　二-十六进制计数器的输出状态流测量

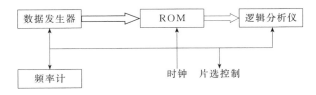

图 7.16　测试 ROM 芯片最高工作频率的仪器连接图

③ 逐步提高数据发生器的计数时钟频率，将每次采集到的数据与标准数据相比较，直到出现不一致为止，此时的时钟频率即为 ROM 的最高工作频率。

第8章

智能化测量仪器与自动测量系统

智能化测量仪器与自动测量系统的问世是电子测量技术的一大飞跃，真正实现了测量数据的高速度、高精确度、多参数和多功能测试。电子测量技术向数字化、智能化、宽带化、网络化、高速综合化发展，是现代电子测量技术发展的必然趋势。

8.1 智能化测量仪器

智能化测量仪器简称为智能仪器，它以计算机或微处理器为核心，将检测技术、自动控制技术、通信技术、网络技术和电子信息等技术完美地结合起来，为电子测量技术注入了新的活力。

8.1.1 智能仪器的含义

智能仪器是将人工智能的理论、方法和技术应用于仪器，使其具有类似人的智能特性或功能的仪器。智能仪器一般的定义是内含微型计算机和 GPIB 接口的仪器。GPIB（General Purpose Interface Bus）即通用接口总线，是国际上通用的仪器接口标准。

小到一个自身带有微处理器能够独立进行测试的电子仪器，大到一套由若干个仪器组成的自动测量系统，还有近年来逐渐风行的虚拟仪器，都是具有人工智能化的测量仪器。微处理器是智能仪器的核心，程序是智能仪器的灵魂。

1. 智能仪器的特点

智能仪器与传统测量仪器的区别很多，最主要的特点如下：
① 借助于传感器和变送器采集信息。
② 使用智能接口进行人机对话。

③ 具有记忆信息功能。

④ 能自动进行数据处理。

⑤ 具有硬件软件化的优势。

⑥ 具有自检、自诊断和自测试功能。

⑦ 能自补偿、自适应外界的变化。

⑧ 具有多种对外接口功能。

2. 智能仪器的组成

智能仪器由硬件和软件两部分组成。

智能仪器的硬件是一个典型的计算机结构，与普通计算机的差别就在于它多了一个专用于外围测试的电路，它与外界的通信通过 GPIB 进行。智能仪器的工作方式与计算机类似，而与传统测试仪器的差别较大。

智能仪器的软件包括系统软件、应用软件和书面文件。系统软件是微机系统的语言加工程序和管理程序等；应用软件是指解决用户实际问题的程序，包括测试程序、数据处理程序、键盘判别程序和显示程序等；书面文件是帮助用户使用仪器的文件，包括软件总框图、程序清单、使用说明以及修改方法等。

3. 智能仪器的硬件结构

智能仪器的硬件主要包括主机电路、模拟量输入/输出通道、人机接口和标准通信接口电路等，其组成框图如图 8.1 所示。

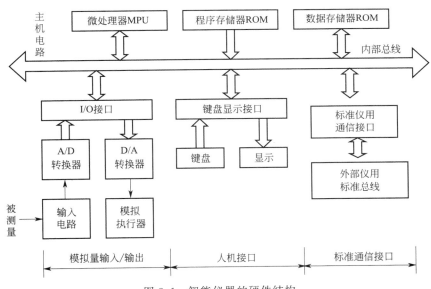

图 8.1 智能仪器的硬件结构

（1）主机电路

主机电路的功能是存储程序与数据，参与各种测量功能的控制，并对数据进行运算和处理。主机电路通常由微处理器、程序存储器、输入/输出（I/O）接口电路组成，有时主机电路本身就是一个单片机。

（2）模拟量输入/输出通道

模拟量输入/输出通道的功能是用来输入和输出模拟量信号，实现模拟量与数字量之间的变换。输入/输出通道由 A/D 转换器、D/A 转换器和模拟信号处理电路组成。

（3）人机接口

人机接口的功能是实现操作者与仪器之间的联系，主要由仪器面板上的键盘和显示器组成。

（4）标准通信接口

标准通信接口的功能是用来实现测量仪器与计算机的联系，使测量仪器可以接收计算机的程控命令。智能仪器都配有 GPIB（或 RS232C）等标准通信接口。

4. 智能仪器的软件

智能仪器的软件就是计算机的程序，主要包括监控程序和接口管理程序两部分。

（1）监控程序

监控程序面向仪器的面板和显示器，其功能是通过键盘操作，输入并存储所设置的功能、操作方式与工作参数；通过控制 I/O 接口电路进行测量数据的采集，对测量仪器进行预定的设置；对数据存储器所记录的数据和状态进行各种处理；以数字、字符、图形等形式显示各种状态信息和对测量数据的处理结果。

（2）接口管理程序

接口管理程序面向通信接口，其功能是接收并分析来自通信接口总线的各种有关功能、操作方式与工作参数的程控操作码，并根据通信接口输出仪器的现行工作状态和测量数据的处理结果以响应计算机的远程控制命令。

8.1.2　标准接口总线

GPIB（General Purpose Interface Bus）即通用接口总线，是国际上通用的仪器接口标准，凡是智能仪器都标配有 GPIB 接口。

1. GPIB 标准接口

GPIB 标准接口包括接口与总线两部分。

（1）GPIB 标准接口

GPIB 标准接口由各种逻辑电路组成，与测量仪器安装在一起，其功能是对要传送的信息进行发送、接收、编码和译码。

（2）GPIB 标准总线

GPIB 标准总线是一条无源多芯电缆，其功能是用于传输各种信息。图 8.2（a）所示是一个标准接口总线系统，图中的 DUT 为被测器件。图 8.2（b）所示是 GPIB24 线总线插座的外形结构。

在一个具有 GPIB 标准接口总线的系统中，要进行有效的通信联络，至少有"讲者""听者"和"控者"三类仪器装置。

"讲者"是通过总线发送仪器消息的仪器装置，如测量仪器、数据采集器、计算机等。"听者"是通过总线接收由"讲者"发出消息的装置，如显示器和打印机等。"控者"是数据在传输过程中的组织者和控制者，通常由计算机担任。

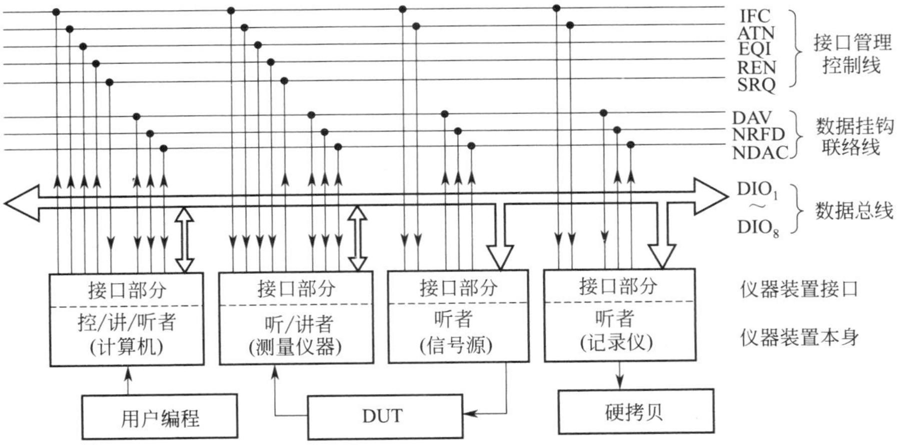

(a) GPIB标准接口总线结构

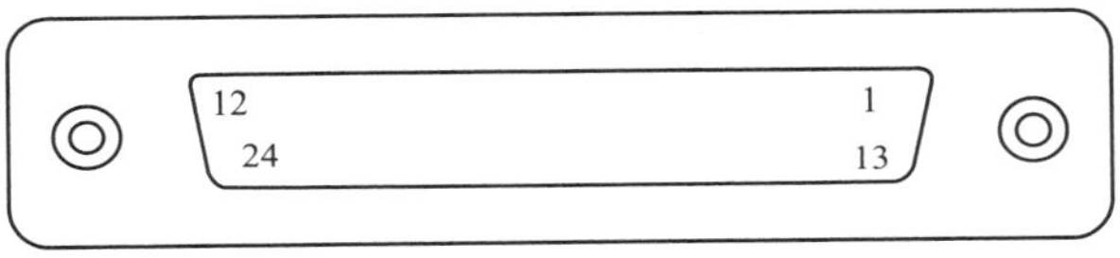

(b) GPIB24线总线插座的外形结构

图 8.2　标准接口总线系统

在一个 GPIB 系统中，可以设置多个"讲者""听者"和"控者"，允许多个"听者"同时工作，但禁止有两个或两个以上的"讲者""控者"同时起作用。"控者""听者"和"讲者"被称为智能化测量系统功能的三要素，智能化测量系统中的某一个装置可以具有这三要素中的一个、两个或全部功能。例如，一个系统中的计算机可以兼顾实现"讲者""听者"与"控者"的功能。

2. GPIB 标准接口总线

GPIB 标准接口总线是一条 24 芯的电缆，其中有 16 条被用作信号线，有 8 条被用作逻辑地线及屏蔽线。电缆的两端是与图 8.2（b）所示相似的双列 24 芯 D 式结构插头。

GPIB 标准接口总线中的 16 条信号线按功能可以分为以下三组：

（1）双向数据总线

双向数据总线有 8 条（$DIO_1 \sim DIO_8$），用于传递包括数据、命令和地址的仪器信息或接口信息，所传递信息的类型由另外两组信号线加以区分。

（2）数据挂钩联络线

数据挂钩联络线有 3 条（DAV、NRFD 和 NDAC），用于控制数据总线的时序，以保证数据总线能正确有节奏地传输信息，这种传输技术称为三线挂钩技术。三线挂钩指的是"讲者""控者""听者"之间的逻辑连接与接续关系，其定义如下：

① DAV 数据有效线。当数据线上出现有效数据时，"讲者"置该线为低电平（负逻辑），指示"听者"从数据线上接收数据。

② NRFD 数据未就绪线。只要"听者"中有一个尚未准备好接收数据，该线就为低电平，示意"讲者"暂不要发出信息。

③ NDAC 数据未收到线。只要"听者"中有一个尚未从数据总线上接收完数据，该线就为低电平，示意"讲者"暂不要撤掉数据总线上的信息。

（3）接口管理控制线

接口管理控制线有 5 条（IFC、ATN、EQI、REN 和 SRQ），用于控制 GPIB 总线接口的状态，其定义如下：

① IFC 接口清除线。该线由"控者"使用。当它为 1 时，整个接口系统恢复到初始状态。

② ATN 注意线。该线由"控者"使用，用来指明数据线上数据的类型。当它为 1 时，数据总线上的信息是由"控者"发出的、用于管理接口部分工作的消息（命令、设备地址等），这时一切设备均要接收这些信息；当它为 0 时，数据总线上的信息是由"讲者"发出的、用于完成仪器自身工作的仪器消息（数据、设备的控制命令等），所有"听者"都必须听。

③ EQI 结束或识别线。此线与 ATN 配合使用。当 EQI 为 1、ATN 为 0 时，表示"讲者"已传递完一组数据；当 EQI 为 1、ATN 为 1 时，表示"控者"要进行识别操作，要求设备把它们的状态放在数据线上。

④ REN 远程控制线。该线由"控者"使用。当它为 1 时，仪器可能处于远程控制状态，从而封锁设备面板上的手工操作；当它为 0 时，仪器处于本地工作方式。

⑤ SRQ 服务请求线。所有设备都与这条线"线或"在一起，任意设备将此线变为低电平（SRQ 为 1）时，就表示向"控者"提出服务请求，然后"控者"通过依次查询确定提出请求的设备。

3. GPIB 标准接口的功能

在智能仪器中，每一个仪器装置都具有 GPIB 标准接口。

接口功能是指完成各仪器设备之间正确通信、确保系统正常工作的能力，即通过 GPIB 标准接口实现自动测量与控制所必需的逻辑功能。为完成接口功能而传递的信息称为接口信息。

接口功能包括：遇到机器有故障等情况时，向系统"控者"提出服务请求的服务请求功能；系统"控者"为快速查询请求服务装置而设置的并行点名功能；用来选择远地工作状态或本地工作状态的远控本控能力；使装置从总线接收到触发信息，以便进行触发操作的装置触发功能；能使仪器装置接收清除信息并返回到初始状态的装置清除功能等。

▶ 8.2 智能仪器的独特功能

智能仪器是以微处理器为核心进行工作的，它具有强大的数据处理功能和控制功能。智能仪器与传统的测量仪器相比具有许多独特的处理功能，例如仪器的硬件故障的自检功能和自动测量功能。

8.2.1　硬件故障的自检功能

硬件故障的自检功能是指利用事先编制好的检测程序对仪器的主要部件进行自动检测，并对故障进行定位。目前采用的自检方式有三种。

1. 开机自检

开机自检是指仪器在刚接通电源或进行复位操作之后所进行的全面检查。若在自检中没有发现问题，仪器就进入测量程序；若在自检中发现问题，则仪器会给出报警信号，并指出故障的类型和位置，同时仪器自动终止进入测量程序。

2. 周期性自检

周期性自检是指在仪器正常运行过程中间进行的自检操作，这种操作可以保证仪器在使用过程中一直处于正常状态。周期性自检不影响仪器的正常工作，因而只有当检出仪器有故障并给予报警时，用户才会觉察。

3. 键盘自检

在具有键盘自检功能的仪器面板上设有"自检"按键，当用户对仪器的可信度产生怀疑时，便通过该按键来启动一次自检过程。

在这三种自检过程中，如果检测到仪器出现某些故障，智能仪器一般以文字或数字的形式显示"出错代码"，同时还会以指示灯的闪烁或发出声音等方式进行报警，以引起操作人员的注意。例如智能化数字电压表在检测到故障时出现的故障代码表如表 8.1 所示。

表 8.1　采用 HG-1850 芯片的数字电压表故障代码表

Err 6	积分器工作不正常
Err 7	10V 量程零点错误
Err 8	1V 量程零点错误
Err 9	100V 量程零点错误
Err A	10V 量程刻度错误
Err B	1V 量程刻度错误
Err C	无源衰减器损坏

8.2.2　自动测量功能

智能仪器都具有自动量程变换、自动零点调整、自动校准以及自动触发电平调节等自动测量功能。

1. 自动量程变换功能

自动量程变换是指仪器能在很短的时间内自动选定最合理的量程，以使仪器获得高精度的测量，并简化操作。自动量程变换一般由初设量程开始，进行逐级比较，直至选出最合适的量程为止。假设某电压表有 0.1V、1V、10V、100V 四个量程，它的自动量程变换流程如图 8.3 所示。

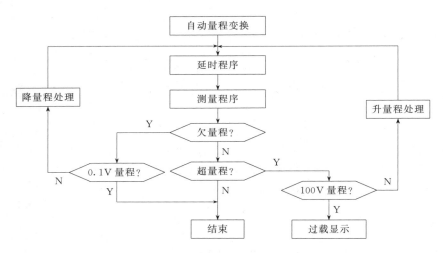

图 8.3　智能数字电压表自动量程变换流程图

2. 自动触发电平调节功能

智能仪器自动触发电平调节的原理如图 8.4 所示，其中输入信号经过可程控衰减器传送到比较器，比较器的触发电平则是由 D/A 转换器设定的。当经过衰减器的输入信号的幅度达到某一比较电平时，比较器的输出将改变状态。触发探测器将检测到的比较器的输出状态送到微处理器，由此测出触发电平。

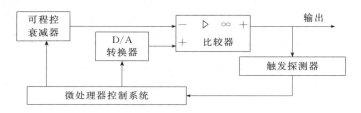

图 8.4　智能仪器自动触发电平调节的原理图

3. 自动零点调整功能

零点漂移的存在是测量仪器产生测量误差的主要原因之一。智能仪器在微处理器的控制下，能自动产生一个与零点偏移量相等的校正量与零点偏移量进行抵消，从而有效地消除零点偏移对测量结果的影响，这就是智能仪器的自动零点调整功能。

4. 自动校准功能

若想对智能仪器进行自动校准，操作者只要按下"自动校准"按键，仪器的显示屏上便显示操作者应输入的标准电压。操作者按照提示要求将相应的标准电压加到输入端后，再按一次"自动校准"按键，仪器就进行一次测量，并将标准量存入到校准存储器中。然后显示屏提示下一个要求输入的标准电压值，再重复上述测量存储过程。当对预定的校正测量完成之后，校准程序还能自动计算出每两个校准点之间的修正公式系数，并把这些系数存入校准存储器中，于是在仪器内部就固存了一张校准表和一张修正公式系数表。在进行正式测量时，它们将与测量结果一起形成经过修正的准确测量值，该方法称为校准存储器法。为了防止丢失这些数据，存储器采用 EEPROM（电擦除只读存储器）或采用锂电池供电的非易失性存储器 RAM。

　　除了上述独特功能外，智能仪器还利用微处理器对在测量过程中产生的随机误差、系统误差、粗大误差自动进行处理，以减小测量误差对测量结果的影响。另外，在不增加任何硬件设备的情况下，还可以利用微处理器采用数字滤波方法消除或削弱测量中干扰和噪声的影响，以提高测量的可靠性和精确度。

8.3　智能仪器的典型产品

　　智能化数字电压表（DVM）和智能化数字存储示波器都是以微处理器为核心的典型智能仪器。

8.3.1　智能化数字电压表

　　智能化数字电压表（DVM）的测量过程是：首先在微处理器的控制下，被测电压经过输入电路、A/D 转换器的处理转变为相应的数字量，存入到数据存储器中。然后微处理器对采集的测量数据进行必要的处理，例如计算平均值、减去零点漂移等，最后利用显示器等显示处理结果。上述整个工作过程都是在监控程序的控制下进行的。

　　智能化数字电压表的典型结构如图 8.5 所示，其组成包括微处理器芯片、程序存储器 ROM 和数据存储器 RAM、输入电路、A/D 转换器、键盘、显示器及标准仪用接口电路等。在电压表的内部采用总线结构，外部设备与总线相连。

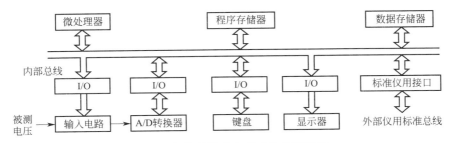

图 8.5　智能化数字电压表的典型结构

1. 输入电路

　　输入电路的作用是提高输入阻抗、实现量程变换。输入电路由输入衰减器、输入放大器、有源滤波器、输入电流补偿电路及自举电源等部分组成。

　　输入电流补偿电路的作用是减小输入电流的影响。进行自动补偿时，在输入端要接入一个 $10M\Omega$ 的电阻，输入电流在该电阻上产生的压降经 A/D 转换后存入非易失性存储器 RAM 内，作为输入电流的校正量。在进行正常测量时，微处理器将根据校正量送出适当的数字到 D/A 转换器，并经输入电流补偿电路产生一个与原来输入电流大小相等、方向相反的电流，使两者在放大器的输入端相互抵消。

　　自举电源产生浮动的 ±12V 电压作为输入放大器的电源电压，使得输入放大器的工作点基本不随输入信号的变化而变化，可以提高放大器的稳定性及抗共模干扰的能力。

输入衰减器和输入放大器构成智能化数字电压表的量程标定电路，如图 8.6 所示。图中的 S_1 为继电器开关，用来控制 100：1 衰减器是否接入。$S_2 \sim S_7$ 为模拟开关，其通断状态不同，输入放大器的电压增益就不同。$S_1 \sim S_7$ 在微机发出的控制信号的控制下，形成不同的通、断组态，构成 0.1V、1V、10V、100V、1000V 五个量程及自测试状态，五个量程的电压输出范围均为 0～3.16V。仪器在自测试状态时的输出电压为 -3.12V，输入放大器的输出电压被送入 A/D 转换器。

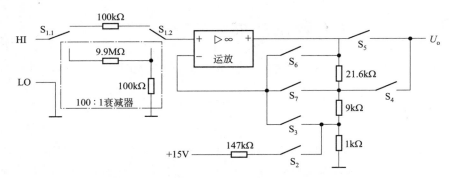

图 8.6　智能化数字电压表的量程标定电路

2. A/D 转换器

智能化数字电压表的 A/D 转换器是在一般 A/D 转换器的基础上，借助软件来形成的高精度 A/D 转换器，如脉冲调宽式、三次积分式 A/D 转换器等。

3. 键盘、显示器和打印机

智能化数字电压表的键盘、显示器、打印机是人机对话的部件。键盘用于实现对智能化数字电压表进行人工状态干预和数据输入。显示器和打印机用于实现智能化数字电压表运行状态与处理结果的报告。一款 HG-1850 型智能数字电压表的面板键盘如图 8.7 所示。

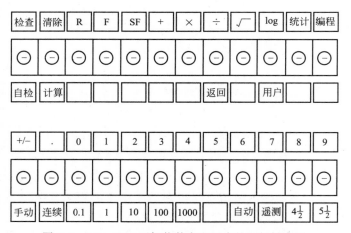

图 8.7　HG-1850 型智能数字电压表的面板键盘图

4. 智能化数字电压表的特殊性能

智能化数字电压表除了具有普通数字电压表的各项性能外，还有以下几项特殊性能：

① 标定性能。标定性能计算公式为

$$R = Ax + B$$

式中　R——标定显示结果；

x——实际测量值；

A，B——由键盘输入的常数。

利用这一性能，可将实际测量值 x 换算成显示结果 R，例如将传感器输出的测量值直接用实际单位进行显示，实现标度变换。

② 指示相对误差性能。指示相对误差性能计算公式为

$$K = \frac{x - n}{n} \times 100\%$$

式中　K——相对误差；

n——由键盘输入的标称值。

利用这一性能，可将测量结果与标称值的差值以百分率偏差的形式显示出来，适用于元件容许误差的校验。

③ 极限报警性能（LMT）。极限报警性能即上下限报警功能。利用这一性能可以了解被测量是否超越预置极限的情况。使用前，应先通过面板键盘输入上限值 H 和下限值 L。在测量过程中，在显示测量值 x 的同时，还将显示标志 H、L 或 P（pass），三者分别表示测量结果超上限、超下限或通过。

④ 最大/最小性能。利用这一性能可以对一组测量值进行比较，求出其中的最大值和最小值并存储起来。在程序运行过程中一般只显示现行值，在设定的一组测量完毕之后，再显示这组数据中的最大值和最小值。

⑤ 比例性能。比例性能计算公式为

$$R = x/r \qquad r = 20\lg(x/r)$$

式中，r 为由面板输入的参考量。比例 x 是指一个量与另一个量之间的相互关系。

⑥ 统计性能。统计性能可以直接显示多次测量值的统计运算结果，一般有平均值、方差值、标准差值、均方值等。

智能化数字电压表还具有自动量程变换、自动零点调整、自动校准、自动诊断等功能，并配有标准接口。

5. PZ115A 型数字电压表

PZ115A 型数字电压表采用国产 HG-1850 型微处理器组成，是目前智能仪器的主流产品。

（1）PZ115A 型数字电压表的主要性能指标

PZ115A 型数字电压表采用 Intel 8080A CPU、多斜积分式 A/D 转换器，量程可以自动变换，最大显示数为六位。

PZ115A 型数字电压表的主要性能指标有以下几个。

① 测量范围：直流电压 $10\mu V \sim 1000V$，分 4 挡，有 1V、10V、100V、1000V 四个量

程（量程自动转换）。

② 分辨率与准确度：分辨率与准确度的指标如表 8.2 所示。

表 8.2 PZ115A 型数字电压表的主要指标

量程	分辨率	准确度	
		20℃±2℃,90 天	20℃±5℃,半年
1V	10μV	±0.01%读数±2 字	±0.02%读数±2 字
10V	100μV	±0.005%读数±1 字	±0.02%读数±1 字
100V	1mV	±0.01%读数±2 字	±0.02%读数±2 字
1000V	10mV	±0.01%读数±2 字	±0.02%读数±2 字

③ 输入阻抗：1V、10V 量程为 5000MΩ，100V、1000V 量程为 10MΩ。

④ 抗干扰能力：差模抑制比 $SMRR>60$dB（50Hz±1%），绝对差模抑制比 $MRR>$ 120dB（50Hz±1%），共模抑制比 $CMRR>130$dB（直流）。

⑤ 显示位数：5½位或 4½位，最大读数为 19999。

⑥ 测量速率：5½位显示时为 2～3 次/s，4½位显示时为 6 次/s。

⑦ 控制方式：24 键面板键盘控制或外接遥控键盘。

⑧ 输出方式：BCD 码测量数据、极性和小数点，并可打印输出。

⑨ 数据处理能力：九种用户自编程运算功能，数学运算有＋、－、×、÷、√、lg，统计运算有平均值、均方根、方差。

输入放大器和 A/D 转换器是保证仪器精度等技术指标的关键部分。为了增加抗干扰能力，仪器的模拟部分和数字部分在电气上采取相互隔离的措施，两部分单独供电，其间的信息经光耦合器进行传递。

（2）PZ115A 型数字电压表的电路组成和工作流程

PZ115A 型数字电压表的电路组成如图 8.8 所示，主要由模拟部分、数字部分组成。

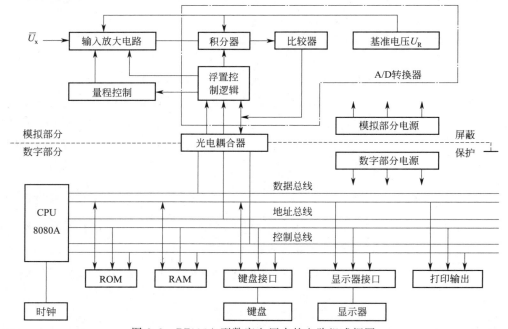

图 8.8 PZ115A 型数字电压表的电路组成框图

PZ115A 型数字电压表的整机工作流程如图 8.9 所示。仪器通电后程序首先进行初始设置：设置仪器为测量模式、自动量程状态、显示位为六位、9bit 自校计数器 M 的初值为全 1。初始设置完成后，程序的运行会使 M 数值增加，直至 M 产生溢出并成为全零。程序在 M 为零后转入自校准程序，使仪器按顺序测得各个量程的校准参数并存入相应存储单元，为修正每次测量结果做好准备。全部校准参数测完后，M 再次增加 1，其内容不再为零，接着程序转入扫描键盘。然后再根据键盘的输入信息来确定下一步的运行程序。

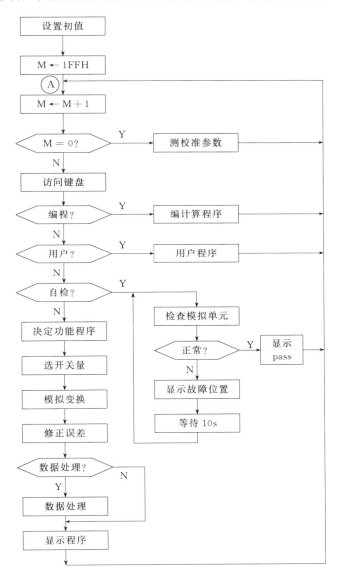

图 8.9　PZ115A 型数字电压表整机工作流程图

（3）PZ115A 型数字电压表的工作模式

PZ115A 型数字电压表具有五种工作模式，即测量模式、自检模式、用户程序模式、编程模式和自校准模式。

① 测量模式。测量模式是数字电压表最基本的工作方式，在测量模式下用户可通过

键盘选择适当的测量方式和量程，微处理器根据键盘选定的量程送出相应的开关量（控制字），使输入放大器组成相应的组态。测量时，被测电压首先经过输入放大器进入 A/D 转换器，然后 A/D 转换器把放大器输出的电压变成数字量存入到相应的内存单元。接着，微处理器将根据不同量程的校准参数并按相应的数学模型计算出正确的测量结果。若进行数据处理，还要调用有关的数据处理程序，否则直接显示测量结果。一次测量结束后，程序自动返回进行下一次测量，如此不断地循环测量。

② 自检模式。当操作者按下仪器面板上的"自检"键时，仪器就进入自检模式。在自检模式下，微处理器将按预定程序检查模拟单元各部分的工作状态。如果一切正常，显示器显示"pass"字样，然后返回到测量模式。若某一部分有故障，显示器将显示此故障的代码，然后等待 10s，再次检查模拟单元是否正常，直至故障被排除为止。

③ 编程模式。当操作者按下仪器面板上的"编程"键时，仪器就进入编程模式。在编程模式下，用户可以利用仪器面板上的键盘编制所需要的计算程序。编程结束后，程序又返回到测量模式下继续进行测量。

④ 用户程序模式。当操作者按下仪器面板上的"用户"键时，仪器进入用户程序模式。用户程序是按使用者需要而事先编制并固化在 ROM 中的测量、控制或数据处理程序。如果要结束用户程序模式而进入测量模式，需要按下"返回"键。

⑤ 自校准模式。自校准模式是由仪器内部固化的程序控制自动进入的。在仪器的内部设立了一个 9bit 二进制自校计数器 M，每一次测量结束之后 M 的数值就加 1，当计数器计满 512 次（约 3min）后，调用一次自校准程序。如此循环往复。

（4）PZ115A 型数字电压表的键盘与编程模式

① PZ115A 型数字电压表的键盘。图 8.10 所示是 PZ115A 型数字电压表面板的键盘图，图中的"—"为按键。键盘分为上下三排，每排有 12 只按键，每个按键上方都设有一只 LED 键灯作为该按键是否有效的指示灯。

检查	清除	R	F	SF	+	×	÷	$\sqrt{\ }$	log	统计	编程
◯	◯	◯	◯	◯	◯	◯	◯	◯	◯	◯	◯
自检	计算						返回		用户		
◯	◯	◯	◯	◯	◯	◯	◯	◯	◯	◯	◯
+/-	·	0	1	2	3	4	5	6	7	8	9
◯	◯	◯	◯	◯	◯	◯	◯	◯	◯	◯	◯
手动	连续	0.1	1	10	100	1000		自动	遥测	4½	5½

图 8.10　PZ115A 型数字电压表面板的键盘图

当仪器工作在测量模式下时，每个按键下方的标号表示出该键的功能。各键的操作使用有如下关系：

a. "手动"和"连续"两键为互锁键。当"连续"键被按下时，测量自动连续进行，即每测量一次面板上的显示读数就自动更新一次。当"手动"键按下并有效时，显示器的内容将随每次按动"手动"键而更新；若不按动该键，显示器的内容将不予以更新。

b. 量程选择键"1"（1V 量程）、"10"（10V 量程）、"100"（100V 量程）、"1000"（1000V 量程）以及"自动"（自动量程变换）五键为互锁键，用于选择测量的量程。

c. "遥测"键为自锁键。该键被按下时，前面板上的其他键均失去作用，这时从后面板上接入键盘将能实现遥测。若再按一次"遥测"键，该键就被释放，按键指示灯熄灭，前面板上的键盘各键重新有效。

d. 显示位数键为互锁键。

e. "自检"键按下后，仪器将暂时脱离测量模式而进行自检。

f. "计算"键为自锁键。当用户编制了计算程序后，按动此键就能按照所编程序对测量结果进行处理并显示处理结果，此时该键指示灯点亮。如果再按一次该键，则指示灯熄灭，显示器仅显示测得的电压值。

g. "用户"键为自锁键。如果按下该键，仪器进入用户程序。用户程序已固化在仪器内部。

每个按键上方的标号表示仪器在编程模式下各键的功能。

② PZ115A 型数字电压表的编程模式。当按下"编程"键时，仪器就进入编程模式。此时，各键的功能如下：

a. "检查"键用于检查或修改程序。连续按动该键时，显示器将依次显示所编程序每一步的内容。

b. "清除"键用于清除刚从键盘送入的数据。

c. "R"键用于仪器直接显示测量结果。

d. "F"键用于仪器显示在 RAM 区开辟的中间寄存器内的内容。

e. "SF"键代表向寄存器 F 存数。

f. "+""×""÷""log"四键分别表示加法、乘法、除法、常用对数运算。

g. "0""1"…、"9""+/－""·"等键用于供编程时设置各种数据、正负号和小数点。

"编程"键除了在进入编程模式时需要按动该键之外，在每次编程之后也需要按动该键。此时，显示器显示"HI"，询问用户对测量结果有无上限要求。如果有上限要求可通过键盘送入上限值。这时再按"编程"键，显示器显示"LO"，用户可送入下限值。如无上下限要求，只要不送数据即可。上下限值设置完毕之后再按一次"编程"键，显示器显示"END"，表示编程全部结束，随即返回测量模式。

（5）PZ115A 型数字电压表的调整

PZ115A 型数字电压表在操作使用之前均需进行调整，目前的调整有如下几种方式：

① 采用全自动调整。这种仪表的调零及校准都由仪表内部自动进行，在仪表的外部没有调整机构。

② 只需调零，校准用外校。使用这种仪表时，首先要在所用的量程上进行调零工作。校准时，一般要在仪表的基本量程上外加标准电池或电压源进行校准。

③ 先调正、负平衡，再校准。首先将仪表校准开关置于"正、负平衡"位置，调节平衡电位器，使数字电压表正、负显示值相等或在允许的范围内，然后将校准开关拨到校准位置。这时，正、负显示值也应保持平衡，如果不相等，要反复调节并使之达到规定的要求。

④ 先调零平衡，再自校准。先将仪表的校准开关放在零平衡位置，调节零平衡电位器，使显示值在 ±0 之间变化，再把开关拨至校准位置。调节"校准"电位器，使之显示

规定的校准电压。此时，相反极性也应显示这一电压，否则需反复调节。

⑤ 调零、正负校准分别进行。将仪表选择开关先后置于"零调整""正校准""负校准"位置，调节相应的电位器，使之显示相应的零电压、正校准电压、负校准电压。有的表没有调零挡，其调零是在测量时将输入端短路进行的。

⑥ 开盖调整。如果以上各种外部调整程序都进行完毕后仍达不到理想的显示值，则需打开机盖，调节内部的"调零""校准""量程满度"等电位器，使仪表符合技术指标要求。

⑦ 调节零电流。为了减小零电流的影响，有的数字电压表有零电流调节器，这种数字电压表在测量前也应按规定调节零电流的大小，使显示接近规定值时为止。

（6）PZ115A 型数字电压表的连线

当 PZ115A 型数字电压表接通电源后，就自动处于：中速、自动量程、自动校零、本地（即前面板）控制状态，"自动量程"指示灯和"自动校零"指示灯点亮。

① 连接测量信号的输入端子。如图 8.11 所示，在 PZ115A 型数字电压表的前面板上有三个输入端子："信号高端"通过继电器接到测量电路的高端；"信号低端"接测量电路信号的低端；"保护端"接仪表的保护屏蔽层。在一般的测量场合，"保护端"可以不用；如在测量现场有明显的共模干扰电压时，将此端子接共模电压的高端，可以明显改善共模干扰。

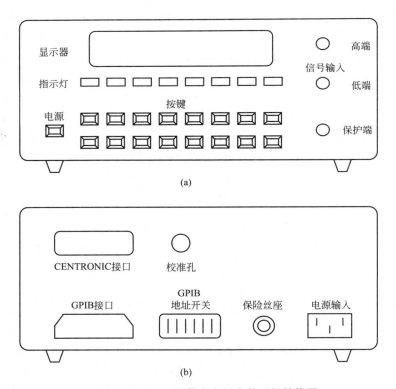

图 8.11　PZ115A 型数字电压表的面板结构图

② 键盘功能的选择。在 PZ115A 型仪器的前面板上共有 16 个按键，绝大多数的按键都有两挡功能，按键的下边文字或符号表示该键的第一挡功能，按键的上边文字或符号表

示该键的第二挡功能。选择某键的第二挡功能时，必须先按红色"换挡"键，再按该键。

③ 自动校零和手动校零。PZ115A 型数字电压表有自动校零功能，在自动校零时"自动校零"灯亮，此时每间隔 5min 自动校零一次。退出自动校零时"自动校零"灯熄灭。当需要人为校零时，可以连续按两次"自动校零"键，该数字电压表便执行两次校零操作，且保持原来的校零模式。校零操作可随时进行，不影响测量。

④ 连续采样和单次采样。PZ115A 型数字电压表具有连续采样和单次采样功能。按下"单次"键，数字电压表进入单次采样状态，"单次"指示灯亮，此时显示的是按"单次"键后测得的数值，并保持不变，每按一次"单次"键就显示一个新的测量值。按"换挡"键后再按"连续"键，数字电压表便进入连续采样状态，"单次"指示灯熄灭。注意：仪表工作在"只讲"方式时不能进入单次测量方式。

⑤ 测量最大值/最小值。PZ115A 型数字电压表具有显示最大值/最小值功能。按"换挡"键后按"最大/最小"键，数字电压表进入显示最大值方式，"最大值"指示灯亮；如果再按"换挡"键后按"最大/最小"键，进入显示最小值方式，"最小值"指示灯亮。在显示最大值或最小值状态，显示器始终显示测量过程中出现的最大值或最小值。注意：在数字电压表处于自动量程方式和"只讲"方式时，仪器不能进入最大值、最小值测量状态。

⑥ 极限判别功能。PZ115A 型数字电压表具有极限判别功能。在进入极限判别测量之前，用户需要设置被测量的上限值和下限值。在极限判别测量状态下，显示器显示出上下限之间的值。如果测量值大于上限值，显示器显示"H"；如果测量值小于下限值，显示器显示"L"。当数字电压表工作于"只讲"方式并连接一个"只听"打印机时，大于上限或小于下限的值被打印机打印输出。

进入极限判别状态的操作步骤：先按"极限"键，显示器显示"H"，提示用户输入上限值，用户按"换挡"键和数字键输入上限值，再按"置数"键把送入显示器的上限值置入。随后，显示器显示"L"，提示用户输入下限值，用户按数字键输入下限值，再按"置数"键把送入显示器的下限值置入。一旦上下限值置入，该数字电压表就进入极限判别测量状态。仪器工作在极限判别状态时，再按"极限"键，仪器则退出极限判别状态。

8.3.2　智能化数字存储示波器

具有波形存储功能的示波器称为存储示波器，而将信号以数字形式存储于半导体存储器中的示波器，称为数字存储示波器。当数字存储示波器的控制系统由微计算机组成时，则称为智能化数字存储示波器。

智能化数字存储示波器是模拟示波器技术、数字化测量技术、计算机技术的综合产物，其内部采用了大规模集成电路和微处理器，整个仪器在控制程序的统一指挥下工作。

智能化数字存储示波器采用数字电路，将输入信号先经过 A/D 转换器，将模拟信息变换成数字信息，存储于数字存储器中。当需要显示该信息时，先从存储器中将其读出，再通过 D/A 转换器，将数字信息转换成模拟波形显示在示波管上。

1. 数字存储示波器的性能特点

数字存储示波器的性能特点可以用八项来概括：

① 可长期存储波形；
② 可进行负延时触发；
③ 便于观测单次过程和突发事件；
④ 具有多种显示方式；
⑤ 便于数据分析和处理；
⑥ 可用数字显示测量结果；
⑦ 具有多种方式输出；
⑧ 便于进行功能扩展。

2. 数字存储示波器的主要技术指标

数字存储示波器的主要技术指标有如下几种：

① 采样速率。采样速率表示数字波形存储器 A/D 的转换速度，采用不同的 A/D 转换器件，采样速率就不同。采样速率的大小还与捕捉信号的能力有直接关系。采样速率越高，说明仪器捕捉信号的能力越强。一般要求采样速率 $f_s \geq (4-10)f_0$，f_0 是输入信号的最高频率。

② 显示分辨力。在数字存储示波器中，屏幕上的点不是连续的，而是量化的。显示分辨力是指量化的最小单元，用二进制的位数来表示，位数决定了信号在垂直方向上的量化台阶数目。分辨力的位数越多，说明测量的准确度越高。

③ 存储长度。存储长度也称为存储容量，表示仪器为获取波形的采样点的数目，单位用千字节来表示。存储长度表明了仪器在信号水平方向上划分细微的程度，存储长度越大，说明数字存储器显示的波形与实际波形越接近。

此外常用的技术指标还有断电存储时间、测量准确度、触发延迟范围、读写速度等。

3. 数字存储示波器的工作原理

（1）数字存储示波器的组成

数字存储示波器由 Y 轴放大器、A/D 转换单元、D/A 转换单元、存储单元、时钟发生器、逻辑控制单元、逻辑接口单元、触发放大器、电源等部分组成，如图 8.12 所示。

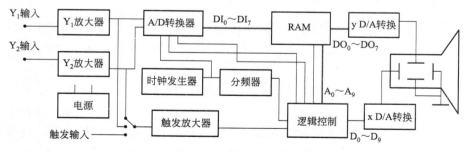

图 8.12　数字存储示波器的基本组成框图

Y 轴放大器的功能是对输入的信号进行匹配和放大。

A/D 转换单元的功能是将模拟信号转换为数字信号。

D/A 转换单元的功能是将数字信号转换为模拟信号，以驱动显像管显示测量信号的波形。

存储单元的作用是将测量的信号以数字形式加以存储。

（2）数字存储示波器的读出显示方式

数字存储示波器的读出显示方式有以下5种：

① 存储显示方式。在一次触发形成并完成信号数据的存储之后，经过显示前的缓冲存储，并控制缓冲存储器的地址顺序，依次将欲显示的数据读出，进行 D/A 转换后将其稳定地显示在示波管上。

② 刷新显示方式。原已显示的一帧波形，在存储器一个单元写入新数据的同时，也将该单元的数据读出。由于写入速度慢，读出速度快，新数据能够马上读出并显示出来。写入、读出和扫描都从 0 地址开始，写完一帧波形，也显示完该帧波形。原来显示的波形则自左至右消失，屏幕上可显示出瞬态波形的描绘过程。

③ 滚动显示方式。滚动显示时，当信号存储器存满后，会使所有数据在存储器中的地址不停地向上移动，冲出旧数据，存入新数据，因此新的数据出现在屏幕的最右边。不需外加触发信号，图形自右至左滚动，从屏幕右边进入，从屏幕左边离去。在观测过程中，也可以将感兴趣的波形数据予以锁存，使图形固定在屏幕上。

④ 双踪显示。双踪显示是轮流对 Y_1 和 Y_2 两个通道信号取样，奇数地址存入 Y_1 的数据，偶数地址存入 Y_2 的数据。读数时先读 Y_2 的数据，再读 Y_1 的数据，并将两组数据进行交替显示。

⑤ X-Y 显示方式。这种显示方式用于显示李萨如图形。

（3）数字存储示波器的工作原理

当被测信号输入仪器后，Y 轴放大器首先将其放大，然后将放大的模拟信号通过 A/D 转换单元转换为数字信号。A/D 转换就是对信号的取样、量化和编码过程，对于波形越复杂的信号，要求的取样速率就越高。为保证输入信号波形的真实显示，对于单次信号要求采样频率 $f_s \geqslant (4 \sim 10) f_0$。对被测信号进行采样、量化和编码的过程如图 8.13 所示。

在采样、存储过程中，先启动 CPU，于是 CPU 指定一个寄存器作为地址计数器，在初始化期间存放了首址。然后地址计数器向 RAM 送出地址，将转换后的数字信号存入指定的单元。每写入一个数据，地址计数器则加 1，并将地址数送至 X 轴的 I/O，经 D/A 转换后产生阶梯波信号。当需要即时显示时，该信号能作为 X 扫描用的阶梯信号，送至 X 偏转系统以作扫描之用。同时该信号还送至步进系统，使其产生新的步进脉冲，作为产生一次新的数据写入循环用。

在整个采样、存储过程中，地址计数器将写地址顺序递增，并一一送往 RAM，以确保每组数据写入相应的存储单元中，直至写完一个页面为止。RAM 的写入过程如图 8.14 所示。

当需要显示被测信号时，按照地址计数器给出的地址，一方面控制 RAM 以固定速度读出数据到 Y 通道的 D/A 转换器内，将被测信号还原为模拟信号；同时还将地址计数器的内容（即计数用脉冲）送往 X 通道 D/A 转换器，用来产生扫描用阶梯信号。显示时，X 偏转板加阶梯波信号，Y 偏转板加被测信号。X 轴的阶梯递增时只需显示平顶，跳变部分要消隐，以使显示的波形清晰。显示被测信号的过程如图 8.15 所示。

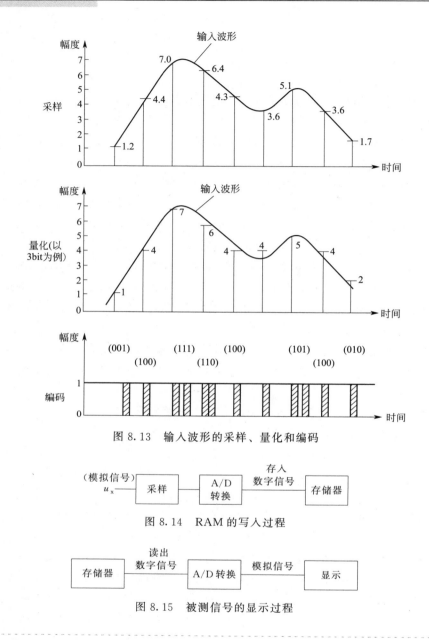

图 8.13 输入波形的采样、量化和编码

图 8.14 RAM 的写入过程

图 8.15 被测信号的显示过程

8.4 自动测量系统

　　所谓自动测量系统，是指在计算机的控制和管理下，很少需要人工参与，由各种测量仪器对电量、非电量进行自动测量、自动数据处理，并以显示、打印等适当的方式给出测量结果的测量系统。

8.4.1 自动测量系统的发展

1. 自动测量系统的发展阶段

　　自动测量系统诞生于 20 世纪 50 年代，迄今经历了三个发展阶段。

第一代自动测量系统主要用于需要大量重复性测试的场合或者对工作人员健康有害或操作人员难以接近测试现场的情况。例如在核试验过程中，一些数据的测量就需要使用自动测量系统。第一代自动测量系统的功能主要是自动数据采集和自动数据分析。

第二代自动测量系统是将在测试系统中的所有设备用标准化的接口母线按照积木的形式连接起来，并且给设备配以标准化的接口电路。这种系统可以使世界上不同厂家生产的仪器设备用统一的标准母线连接起来，消除了第一代自动测量系统需要有专用接口的问题。第二代自动测量系统的组成框图如图 8.16 所示。

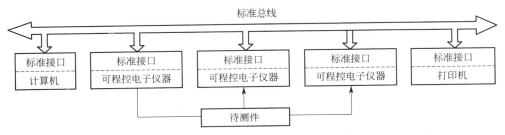

图 8.16　第二代自动测量系统的组成框图

第三代自动测量系统把计算机和测试系统更紧密地结合起来，充分发挥了软件的作用，使得一些硬件的功能完全可以用软件来实现，计算机不仅担任系统控制和数据的分析计算，更主要是利用软件直接完成以往需要硬件才能完成的测试功能。这种用比较少的硬件就能实现各种各样仪器功能的系统使电子测量仪器和电子测量技术发生了巨大的变化。第三代自动测量系统的组成框图如图 8.17 所示。

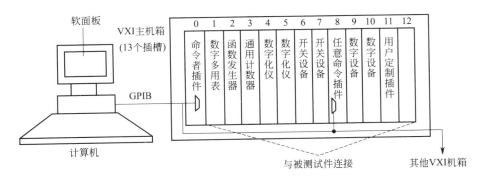

图 8.17　第三代自动测量系统的组成框图

2. 自动测量系统的发展趋势

自动测量系统的发展趋势是虚拟仪器系统。

自动测量系统是以通用计算机为核心，以标准接口总线为基础，由可程控电子仪器（智能仪器）等构成的现代测试系统。自动测量系统采取积木式的组建概念，即不同厂家生产的各种型号的通用仪器，加上一台现成的计算机，用一条统一的无源标准总线连接起来，无需在接口硬件方面再做任何工作，大大方便了自动测量系统的组建，因而得到广泛应用。它标志着测量仪器从独立的手工操作单台仪器走向程控多台仪器的自动测量系统。

第三代自动测量系统由计算机、多台可程控仪器及标准接口总线（GPIB）组成。计算机是系统的控制者，通过执行测试软件，实现对测量全过程的控制及处理；各可程控仪器是测试系统的执行单元，完成采集、测量、处理等任务；GPIB 由计算机及各可程控仪器中的标准接口和标准总线两部分组成，它把各种仪器设备有机地连接起来，完成系统内的各种信息的变换和传输任务。

自动测量系统具有极强的通用性和多功能性，对于不同的测试任务，只需增减或更换"挂"在它上面的仪器设备，编制相应的测试软件，而系统本身不变。该系统适用于要求测量时间短而数据处理量极大的测试任务中。

8.4.2 个人仪器

个人仪器（Personal Instrument，PI）是在智能仪器的基础上，伴随个人计算机（PC）在电子测量领域中的应用而诞生的。个人仪器就是以个人计算机为基础的仪器。个人仪器与独立仪器完全不同，本身大都不带显示器及键盘等部件，仅具备必需的测试部件，以插件板形式作为个人计算机的附件，与计算机一起构成自动测试仪器。PC 总线个人仪器是自动测量系统最廉价的构成形式。

GPIB 接口总线标准的提出，解决了独立仪器互连的问题，但由于在 GPIB 系统中的每个独立仪器都具有键盘、显示器、存储器、微处理器、机箱及电源等部件，这些资源重复又不能共享，浪费了资源。个人仪器系统的出现有效克服了 GPIB 测试系统的缺点。

个人仪器系统是由不同功能的仪器卡、插卡箱和一台 PC 有机结合而构成的自动测量系统。

1. 个人仪器的结构

个人仪器分为内插件式、模块式两种结构形式，分别如图 8.18（a）和图 8.18（b）所示。

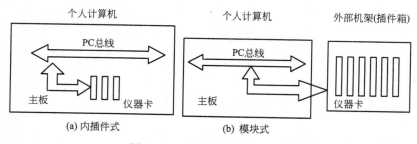

图 8.18　个人仪器的结构形式

内插件式结构是将仪器插卡直接插入到 PC 内部的总线扩展槽内，是一种最简单的形式。内插件式结构具有结构简单、使用方便、成本低廉的优点，但难以满足仪器对电流和散热的要求，机内干扰较严重；在组成个人仪器系统时，因无专门为仪器定义的总线，各仪器之间不能直接通信，模拟信号也无法经总线进行传递，故内插件式个人仪器及系统性能较差。

模块式结构具有独立的机箱和独立的电源，可以使仪器免受机内噪声干扰；由于设有专门的仪器总线（PC-IB），可以方便地组成仪器系统；因为更换了与微机配合的接口卡，可适应多种个人计算机；而且系统中的仪器模块和接口电路也采用了微型计算机，故模块式个人仪器系统是一种功能强大的分布系统。

内插件式和模块式个人仪器由于未采用统一的标准而不能兼容，因此出现了VXI仪器系统。VXI仪器系统采用了VXI总线，由于VXI总线采用了用于仪器模块式插卡的新型互联标准，使得VXI总线可以为模块电子仪器提供一个开放的结构，所以不同厂家提供的VXI仪器系统的各种仪器模块均可以在同一主机箱内运行。

2. 个人仪器的组成

内插件式和模块式个人仪器由硬件、软面板及系统软件等三部分组成。

（1）硬件组成

个人仪器的硬件是由仪器插件通过总线与微机融合在一起构成的，仪器插件具有接口和测量两大部分电路，如图8.19所示。

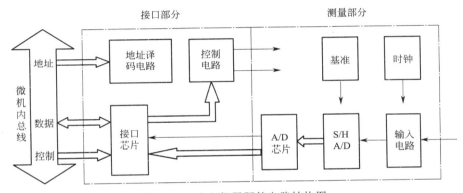

图8.19　个人仪器硬件电路结构图

接口部分由接口芯片、地址译码电路、控制电路等部分组成，这与PC的一般功能接口卡的接口电路基本一致。测量部分电路一般包括输入电路、采样保持与A/D转换、数据传送、基准与时钟等部分。

（2）软面板

软面板是显示在微机屏幕上由高分辨率作图生成的仪器面板图形。用户通过操作键盘、移动鼠标器光标或触屏等方式来选择软面板上的按键（软键），实现对个人仪器及系统的操作。

（3）系统软件

个人仪器系统一般有人工控制和程序控制两种控制方式，软件系统的一般结构如图8.20所示。

在人工控制方式下，系统软件在微机屏幕上产生一个软面板。用户如同操作传统仪器一样，通过软面板选择功能、量程以及输入有关参数，建立起相应的状态标志提供给仪器驱动程序。软面板的键盘操作一般是以中断方式实现的，当用户按下一个键时，软面板就终止当前执行的功能，判断所按的键。如果按下错误的键就发出声响，以提醒用户；如果按下正确的键则显示所选参数，或与仪器驱动程序模块进行通信来执行某项操作，并实时显示测量结果。

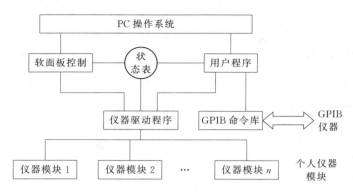

图 8.20　个人仪器控制系统示意图

在程序控制方式下，为了方便用户编制测试程序进行自动测试，系统软件提供易记好学的高级命令，用户只需按照语句格式进行编程即可。

仪器驱动程序是最底层的软件，是与 PC 仪器硬件直接联系的软件模块，无论人工操作方式或程序操作方式都要调用仪器驱动程序去执行输入/输出操作。仪器驱动程序是直接面向硬件的，实时性强，程序执行速度要求快，一般采用汇编语言编写。

3. 嵌入式系统

嵌入式系统一般由嵌入式处理器控制板和执行装置组成。作为设备的一部分，嵌入式处理器是一个控制程序存储在 ROM 中电路。实际上，所有带有数字接口的设备（如手表、微波炉、录像机、汽车等）都使用了嵌入式系统。有些嵌入式系统还包含有操作系统，但大多数嵌入式系统由单个程序来实现整个控制逻辑。

嵌入式系统是软件和硬件的综合体，还可以涵盖机械等附属执行装置。执行装置可以很简单，如手机上的一个微小型电动机，当手机处于振动接收状态时就自动打开电动机的电源开关；执行装置也可以很复杂，如 SONY 生产的智能机器狗，上面集成了多个微小型控制电动机和多种传感器，从而可以执行各种复杂的动作和感受各种状态信息。

国内普遍认同的嵌入式系统定义为：以应用为中心，以计算机技术为基础，软硬件可裁剪，适应应用系统对功能、可靠性、成本、体积、功耗等严格要求的专用计算机系统。

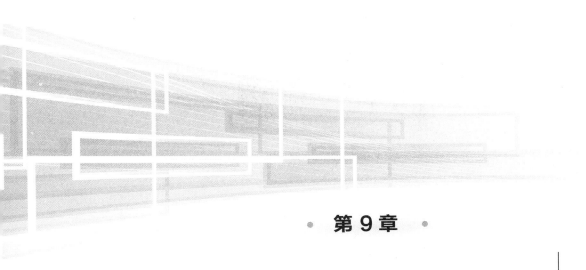

→ # 虚拟测量技术应用

神奇的计算机软件，将计算机的功能发展到令人无法想象的程度。在电子测量领域，利用计算机软件加上传感器模块与通用计算机组成的虚拟测量仪器已经问世，正在广泛应用到电子测量技术的实践与教学中，目前正处于在各个应用领域蓬勃发展的阶段。

未来的电子测量技术，尤其是在电子测量技术的教学和实验领域，必定是虚拟测量技术占据主导地位，因为采用计算机软件和各种传感器硬件构成的虚拟测量技术具有无以比拟的优点，测量精度将大大提高，专用测量仪器将大大减少。人们不再受制于价格昂贵的专用测量仪器设备的约束，可以节约大量的设备开支，实验时间和测量时间也不再受到实时限制，实验现象和测量结果可以随心所欲地反复进行直观演示。更奇特的是，虚拟仪器测量系统的有些功能是实际的测量仪器所不具备或者是根本实现不了的。

▶ 9.1 虚拟测量技术

虚拟仪器的概念最早是由美国国家仪器公司（National Instruments，后简称 NI 公司）于 1986 年提出的，并且提出了"软件就是仪器（The Software is the Instrument）"这一虚拟仪器的新概念。在此后三十多年时间里，虚拟测量技术不断发展，引领着电子测量行业的发展趋势。可以说，虚拟仪器是在智能仪器以后发展起来的新一代电子测量仪器。

9.1.1 虚拟仪器测量系统

虚拟仪器测量系统是计算机技术及网络通信技术与传统仪器技术融合的产物。一个虚拟仪器，就是在以通用计算机为核心和以传感器模块所组成的硬件平台上，利用计算机的显示功能实现了虚拟仪器的控制面板，利用计算机软件对测量数据进行分析从而得到测量结果的计算机测量仪器系统。

　　虚拟仪器测量系统由硬件和软件两部分组成，硬件是虚拟仪器的基础，而软件是实现虚拟仪器功能的关键。虚拟仪器最大的优点之一就是任何用户都可以通过修改软件的方法很方便地改变、增减虚拟仪器测量系统的功能。

1. 虚拟仪器测量系统的硬件平台

　　尽管 NI 公司的口号是"软件就是仪器"，但是不可否认的是，它必须建立在以计算机为核心的硬件平台上。也可以说，计算机是虚拟仪器的心脏，软件是虚拟仪器的灵魂。所以，计算机硬件技术和软件技术的发展都是推动虚拟仪器技术发展的决定性因素。

　　虚拟仪器测量系统的硬件平台由个人计算机和硬件接口模块组成。计算机主要用来提供实时高效的数据处理性能、显示功能和软开关功能，硬件接口模块包括传感器硬件和各种通用接口总线，主要用来采集和传输信号。

　　传感器硬件一般由各种传感器、插入式数据采集卡（DAQ）和信号调理器等组成，称作传感器插件单元。通用接口总线用来把传感器插件单元连接到计算机上，如 RS232 串行总线、GPIB 通用接口总线、USB 通用串行总线、VXI 总线和 PXI 总线等。

　　带接口总线的传感器插件单元还可以和通用接口总线组建成中小型甚至大型的虚拟仪器自动测量系统。目前较为常用的虚拟仪器自动测量系统是数据采集卡系统、GPIB 仪器控制系统、VXI 仪器系统以及这三者之间的任意组合。

　　虚拟仪器技术充分利用了最新的计算机技术来实现和扩展传统仪器的功能，一直成为发达国家自动测控领域的研究热点。图 9.1 所示是设计虚拟仪器方案的框图。

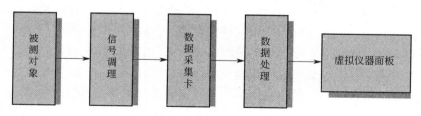

图 9.1　设计虚拟仪器方案的框图

2. 虚拟仪器测量系统的软件平台

　　构造一个虚拟仪器系统时，在基本硬件确定以后，就可通过不同的软件来实现不同的测量和分析功能。

　　"仪器软件化"是构造虚拟仪器的设计理念。近年来，世界各国的许多大型自动测控和仪器公司均相继研制了为数不少的虚拟仪器开发软件平台，如 NI 公司的 LabVIEW、IIT 公司的 Multisim、HP 公司的 HP-VEE 与 HP-TIG、Tektronix 公司的 Ez-Test 和 Tek-TNS、HEM Data 公司的 Snap-Master 平台等。

　　经过三十年的历程，人们公认最具影响力的虚拟测量技术软件要数 NI 公司的 Lab-VIEW 和 IIT 公司的 Multisim。时过境迁，现在 IIT 公司已经被 NI 公司收购，所以在虚拟测量系统的软件方面，NI 公司的产品已经独霸天下。

9.1.2　虚拟仪器软件——LabVIEW

LabVIEW（Laboratory Virtual Instrument Engineering Workbench）是美国 NI 公司推出的具有革命性的虚拟仪器设计平台，可以理解为它就是一种图形化的编程语言。LabVIEW 内置信号采集、测量分析与数据显示功能，摒弃了传统开发工具的复杂性，在提供强大测控功能的同时还保持了系统的灵活性，让用户可以无缝地集成一套完整的应用方案。

LabVIEW 虽然只有近三十年的发展史，但是它已经渗透到各行各业，成为各行各业的科学家和工程师们进行自动测控与仪器应用开发的首选工具。在这个虚拟仪器测量系统的平台上，用户可以自主地设计仪器，只要能编写出相应的软件即可，这就为各个层次的设计者提供了广阔的思维空间，所以提高计算机软件的编程效率就成了一个非常现实的问题。

1. LabVIEW 的功能特点

LabVIEW 给用户提供了一个理想的程序设计环境和虚拟仪器开发平台，面向的是没有编程经验的用户（尤其是对不熟悉 C 语言的用户更为适用），使得科研人员可以摆脱对专业编程人员的依赖。因此，LabVIEW 适合于从事科研和开发的工程技术人员，被誉为工程师的语言。

（1）节时省力

LabVIEW 作为一种高水平的程序设计语言，同传统的编程语言相比，可以节省大约 80% 的程序开发时间，而其运行速度却几乎不受影响，体现了极高的效率。

（2）图形化编程

LabVIEW 不同于基于文本的编程语言（如 VB 和 VC），它是一种完全图形化的编程语言——通常称为 G 编程语言，用图标代替了文本代码创建应用程序，简明直观、易学易用。

（3）模拟面板真实功能

在 LabVIEW 中创建的虚拟仪器前面板是模拟真实仪表的前面板，但是它的功能是真实的。每个在虚拟仪器面板上的按键或按钮都能够代替实际仪器的开关或按键发挥作用。

（4）多程序同时使用

LabVIEW 使用数据流程序模式，可同时执行多个 LabVIEW 子程序，这相当于在这个平台上可以同时使用多个虚拟仪器，比如说同时使用虚拟示波器和虚拟万用表。每一个虚拟仪器可以单独执行，也可以被其他虚拟仪器来调用。

（5）用户可组建自己的应用系统

LabVIEW 提供了各种各样功能强大的虚拟仪器集成函数库和专用程序，以便用户能够快速组建自己的应用系统。

（6）开放的开发平台

LabVIEW 提供了各种 DLL 接口和 CIN 节点，使其成为一个开放的开发平台，还直接支持动态数据交换（DDE）、结构化查询语言（SQL）、TCP 和 UDP 网络协议等。

（7）支持多种操作系统

LabVIEW 支持多种操作系统平台，如 Macintosh、Power Macintosh、HP-UX、Sun SPARC、Windows 3. X/98/2000/NT 等。在以上任何一个平台开发的 LabVIEW 应用程序都可以直接移植到其他平台上。

2. LabVIEW 的发展历程与研究进展

（1）LabVIEW 的发展历程

现在计算机在测量与控制领域的应用越来越多，NI 的工程师们意识到：需要一种强大的软件平台，让用户通过计算机获得更简单有效的测量与控制。1983 年 6 月，NI 公司为基于计算机的测量和自动化控制开发出的第一个软件包——LabVIEW 问世。1986 年 10 月推出 LabVIEW 1.0 版本。1992 年，LabVIEW 的多平台版本问世，使其可以在 Windows 环境以及其他许多平台上运行。1993 年 10 月，LabVIEW 3.0 版本开发完成（在这个版本里，虚拟仪器 VI 变成一个可以独立运行的程序）。

1998 年 2 月，NI 公司推出的 LabVIEW 5.1 版本增加了网络功能，将智能化测量与控制技术进一步扩展到了 Internet。2003 年 5 月，NI 公司推出了 LabVIEW 7 Express 版本，这是该公司 LabVIEW 图形化编程语言全系列产品的一次重要升级，极大地简化了测量和自动化应用任务的开发，同时还将 LabVIEW 的使用范围进行了扩充。

（2）LabVIEW 的研究进展

经过二十多年的发展，现在的 LabVIEW 已经成为一个功能强大而又灵活的虚拟仪器和分析软件应用开发工具。基于 LabVIEW 的虚拟仪器技术的研究是虚拟仪器适应形势发展的必然结果。随着近年来互联网技术的发展，虚拟仪器不再局限于一台独立的 PC，仪器使用连接功能来分配工作任务变得越来越普遍，最典型的例子就是超级计算机、分布式监控设备及数据/结果远程可视化。

下一代虚拟仪器将能够快速方便地与蓝牙（Bluetooth）技术、无线以太网和其他标准的网络技术融合。此外，虚拟仪器软件能更好地描述与设计分布式系统之间的定时和同步关系，以便帮助用户更快速地开发和控制这些常见的嵌入式系统。

（3）LabVIEW 的应用现状

LabVIEW 自诞生以来，在研发设计、实验测量验证、生产测控等方面取得了广泛的应用，遍布电子、机械、通信、汽车制造、生物、医药、化工、科研、教育、军事等诸多行业领域。从交通监控系统到大学实验室、从部件自动测量到工业过程控制都有 LabVIEW 的存在。尤其在测量与测量领域，LabVIEW 更是成为工业标准，其国际市场的占有率高达 65%，远远超过了其竞争对手。

目前，虚拟仪器在发达国家中的设计、生产、使用已经十分普及。在美国，虚拟仪器系统及其图形编程语言已作为各大学理工科学生的一门必修课程。美国斯坦福大学的机械工程系要求三、四年级的学生在实验时应用虚拟仪器进行数据采集和实验控制。在欧洲壳牌石油钻探平台，LabVIEW 实时软件运行在测量石油和天然气的压力和液位方面。

我国在虚拟仪器领域正处于起步阶段，从 20 世纪 90 年代开始，清华大学、哈尔滨工业大学、重庆大学、国防科技大学、成都电子科技大学、中国科技大学等院校和许多公司、科研院所进行虚拟仪器技术的研究。

清华大学采用 NI 公司的多功能数据采集卡，并结合自行研发的采集装置，开发了一套具有采集分析和特征提取功能的先进脑电模型信号测量系统。中国科学院构建了基于 LabVIEW 的同步辐射实验系统。上海毛麻科学技术研究所应用 NI 公司的 DAQ 和 LabVIEW 构建了数据检测处理系统，用于服装面料的质量测定。广西壮族自治区利用 LabVIEW 开发平台，实现了农作物繁育环境监测自动化、数据记录无纸化和参数统计图表化的试验案例。

（4）LabVIEW 的发展前景

未来 LabVIEW 的虚拟仪器技术将沿着高性能、多功能、集成化和网络化方向发展，进一步满足不同领域、不同用户的需求。LabVIEW 的性能将不断增强，实时性也将越来越好，基于 LabVIEW 的虚拟仪器技术也必将朝着网络化方向发展。

继“计算机就是仪器”“软件就是仪器”的概念之后，“网络就是仪器”的提法也已出现，它概括了虚拟仪器的网络化发展趋势。利用网络和虚拟仪器技术建立设备远程监测及故障诊断系统是一个新的发展方向，远程联网监测分析技术也将越来越得到重视。

9.1.3　电路仿真软件——Multisim

从事电子技术研究和爱好电子技术的人做梦都想拥有一间属于个人的电子实验室。现在只要掌握了一款优秀的电子电路仿真软件，就相当于拥有了一间个人电子实验室。Multisim 就是一款被称作虚拟电子实验室的软件，Multisim10.0 是现在比较流行、应用广泛的版本。

1. 虚拟仪器与电路仿真的区别

虽然 LabVIEW 和 Multisim 这两个软件现在都属于 NI 公司所有，但是 LabVIEW 和 Multisim 是两个不同的软件，主要区别在功能不同上。LabVIEW 是一款应用虚拟仪器的软件，配合相应的硬件可以制作成相应的测量仪表，主要用于进行电路的测量工作。而 Multisim 软件主要用于对电路硬件的仿真，即在计算机上搭建一个电路，然后通过 Multisim 软件看看电路是否能实现预定的设计指标和功能。

2. 电子电路仿真的定义

在虚拟电子实验室里，可以用计算机调出各种电子元件、搭建各种电路、调出各种虚拟仪器、对电路进行模拟测量，这个过程和测量结果可以达到用实际电子元器件搭建电路所得到的效果，这就叫作电路的仿真。

3. 电子电路仿真的特点

电子电路仿真与传统电子电路的设计与实验方法相比，具有如下特点：
① 设计与实验可以同步进行，可以边设计边实验，修改调试方便。
② 设计和实验用的元器件和测量仪器仪表齐全，可以完成各种类型的电路设计与实验，并且方便地对电路参数进行测量和分析。
③ 可直接打印输出实验数据、测量参数、曲线和电路原理图。
④ 在实验中不消耗实际的电子元器件，实验所需元器件的种类和数量不受限制，实

验成本低，实验速度快，效率高。

⑤ 设计和实验成功的电路可以直接在产品中使用。

4. 实现电路仿真的电子工作平台——Multisim 10.0

现在流行的 Multisim 10.0 仿真软件的前身是曾经在世界上风靡一时的 EWB5.0 电子工作平台，EWB5.0 电子工作平台是加拿大交互图像技术有限公司（IIT 公司）的产品。

EWB5.0 电子工作平台是一个专门用于电子电路仿真与设计的 EDA 工具软件。作为在 Windows 下运行的个人桌面电子设计工具，EWB5.0 是一个完整的集成化设计环境。在这个环境下，计算机电路仿真与虚拟仪器技术默契配合，解决了理论教学与实际动手操作相脱节的问题。学员可以很方便地学到的理论知识用计算机仿真真实地再现出来，并且可以用虚拟仪器技术创造出真正属于自己的仪器仪表。

▶ 9.2　初识 Multisim 10.0 仿真软件

Multisim 本是加拿大图像交互技术公司推出的以 Windows 为操作平台的仿真工具，美国 NI 公司收购了加拿大图像交互技术公司后，将其更名为 NI Multisim。Multisim10.0 是最新版本，是一个集电路原理图设计、电路功能测量于一体的虚拟仿真软件，能完成从电路仿真设计到电路版图生成的全过程。

9.2.1　Multisim 10.0 仿真软件的特点

利用 NI Multisim 10.0 可以实现计算机仿真设计与虚拟实验，与传统的电子电路设计与实验方法相比，具有如下特点：

1. 多种版本

Multisim10.0 目前有增强专业版、专业版、个人版、教育版、学生版和演示版等多个版本，各版本的功能和价格有着明显的差异。

2. 元件齐全

NI Multisim 10.0 用软件的方法虚拟电子元器件，虚拟电子仪器和仪表，实现了"软件即元器件""软件即仪器"的梦想。NI Multisim 10.0 的元器件库可以提供数千种电子元器件供实验选用，同时也可以新建或扩充已有的元器件库，而且建库所需的元器件参数可以从生产厂商的产品使用手册中查到，因此很方便在工程设计中使用。

3. 仪表众多

NI Multisim 10.0 的虚拟测量仪器仪表种类齐全，不但有一般实验用的通用仪器，如万用表、函数信号发生器、双踪示波器、直流电源等，而且有一般实验室少有或没有的仪器，如波特图仪、字信号发生器、逻辑分析仪、逻辑转换仪、失真仪、频谱分析仪和网络分析仪等。其中逻辑转换仪是在实际的仪器仪表中没有的仪器，这恰恰突出了虚拟仪器的特点。

4. 自动分析

NI Multisim 10.0 具有较为详细的电路分析功能，可以完成电路的瞬态分析和稳态分析、电路的时域分析和频域分析、元器件的线性和非线性分析、电路的噪声分析和失真分析，帮助设计人员全面分析电路的性能。

5. 故障仿真

NI Multisim 10.0 可以设计、测量和演示各种电子电路，包括电工学、模拟电路、数字电路、射频电路及微控制器和接口电路等。可以对被仿真电路中的元器件设置各种故障，如开路、短路和不同程度的漏电等，从而观察不同故障情况下的电路工作状况。在进行仿真的同时，软件还可以存储测量点的所有数据，列出被仿真电路的所有元器件清单，以及存储测量仪器的工作状态、显示波形和具体数据等。

6. 帮助到家

NI Multisim 10.0 有丰富的"帮助"功能，其"帮助"系统不仅包括软件本身的操作指南，还包含有元器件的功能解说。"帮助"中的这种元器件功能解说有利于使用电子实验平台进行计算机辅助教学。

7. 接口丰富

NI Multisim10.0 还提供了与国内外流行的印制电路板设计自动化软件 Protel 及电路仿真软件 PSpice 之间的文件接口，也能通过 Windows 的剪贴板把电路图送往文字处理系统中进行编辑排版，还支持 VHDL（硬件描述语言）和硬件描述语言的电路仿真与设计。

8. 同步进行

NI Multisim10.0 还可以做到电路设计与实验同步进行，可以边设计边实验，修改调试及时方便。

9. 直接打印

NI Multisim10.0 不但可以完成各种类型的电路设计与实验，方便地对电路参数进行测量和分析，还可以直接打印输出各种实验数据、测量参数、曲线和电路原理图。

10. 效率极高

使用 NI Multisim10.0 进行电路设计和实验仿真，不但不消耗实际的电子元器件，而且实验所需元器件的种类和数量都不受限制，实验成本低，实验速度快，效率高。设计和实验成功的电路可以直接转化为产品，实现了设计、实验、生产一体化。

9.2.2 虚拟仪器的核心内容

LabVIEW 是 NI 公司推出的一种基于图形的开发、调试和运行程序的集成化环境，是目前国际上唯一的图形化编程语言。它把复杂、烦琐、费时的语言编程简化成用菜单或图标的方法来表示，再用线条把各种图标连接起来即可完成编程。在 LabVIEW 中编写的源程序很接近程序流程图，所以只要把程序流程框图画好了，程序也就差不多编好了。

LabVIEW 图形编程语言中的基本编程单元是虚拟仪器，虚拟仪器的核心内容包括三个部分前面板、框图程序和图标/连接器。

1. 前面板

前面板是图形用户的界面，也就是虚拟仪器的面板。在这个界面上有用户输入和显示输出两类对象，具体表现有开关、旋钮、图形以及其他控制和显示对象。图9.2所示是一个虚拟随机信号发生器的前面板，前面板上有一个显示对象，以曲线的方式显示了随机信号发生器所产生的一系列随机数。前面板上还有一个控制对象——开关，可以启动和停止工作。

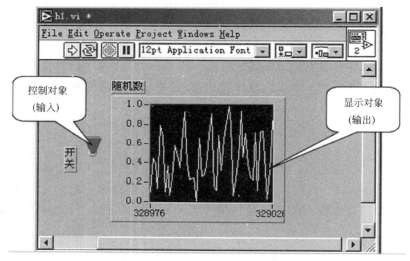

图9.2　虚拟随机信号发生器的前面板

2. 流程图

流程图提供虚拟仪器的图形化源程序。在流程图中对虚拟仪器编程，以控制和操纵定义在前面板上的各种输入和输出功能，在流程图中包括前面板上所有控件的连线端子。图9.3所示是与图9.2所对应的虚拟随机信号发生器前面板的流程图。

在流程图中，有前面板上的开关和随机信号显示器的连线端子，还有一个随机信号发生器的函数及程序的循环结构。随机信号发生器通过连线将产生的随机信号送到显示控件，为了使随机信号发生器持续工作下去，在流程图中设置了一个循环，由开关控制这一循环的结束。

编制流程图时，只要从功能模板中选择所需要的图标，将之置于前面板上适当的位置，然后用连线将它们连接起来即可。

3. 图标/连接器

图标/连接器是虚拟仪器被其他仪器调用的接口。用户必须指定连接器端口与前面板的控件和指示器一一对应。图 9.4 所示是虚拟随机信号发生器产生波形图程序的图标和连接器。

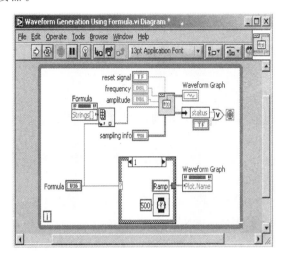

图 9.3　虚拟随机信号发生器前面板的流程图

图 9.4　虚拟随机信号发生器产生波形图程序的图标和连接器

4. Multisim10.0 软件的基本界面

Multisim10.0 软件的基本界面如图 9.5 所示。

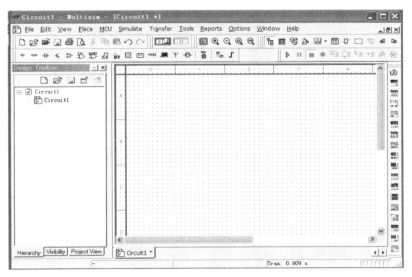

图 9.5　Multisim10.0 软件的基本界面

9.2.3　Multisim10.0 软件的基本栏

1. Multisim10.0 软件的基本栏

在 Multisim10.0 软件的基本界面上，共有三个基本栏目，占据了基本页面上方的三行。

（1）菜单栏

最上方的第一行是菜单栏，共有 12 项菜单。

（2）系统工具栏

在基本界面上方第二行的左半部分是系统工具栏，共有 11 项系统工具。

（3）设计工具栏

在基本界面上方第二行的右半部分是设计工具栏，共有 8 项设计工具。

在基本界面上的第三行是正在使用中的电路元件列表和帮助按钮，还有仿真开关等。

2. 电路窗口和状态栏

（1）电路窗口

电路窗口是 Multisim 10.0 界面中最大的一个区域，相当于一个实际设备的操作平台，电路的绘制编辑、仿真分析及数据波形显示等都在此窗口完成。

（2）状态栏

状态栏位于主窗口的最下面，用来显示有关当前操作及鼠标所指条目的有关信息。

3. 仿真电路的创建

一个电路主要由元器件和导线组成。在 Multisim 10.0 中要创建一个电路，必须掌握元器件的操作。首先要将元器件调出来安放到合适的位置并固定，然后按照电路图用导线将各个元器件连接起来即可。所以，仿真电路的创建，首先从元器件的操作开始。

9.2.4　Multisim10.0 软件各个栏目的详细解读

1. 菜单栏

Multisim10.0 软件的菜单栏包含有十二个主菜单，如图 9.6 所示。

File　Edit　View　Place　MCU　Simulate　Transfer　Tools　Reports　Options　Window　Help

图 9.6　Multisim10.0 软件的菜单栏

在图 9.6 中，从左至右分别为 File（文件）菜单、Edit（编辑）菜单、View（窗口显示）菜单、Place（放置）菜单、MCU（单片机仿真）菜单、Simulate（电路仿真）菜单、Transfer（文件输出）菜单、Tools（工具）菜单、Reports（报表）菜单、Options（选项）菜单、Window（窗口）菜单和 Help（帮助）菜单。

在每个主菜单下都可以下拉一个菜单，用户从中可找到电路的存取、电路模拟程序文件的输入和输出、电路图的编辑、电路的仿真、电路的分析和在线帮助等各项功能的命令。

（1）File（文件）菜单

文件菜单主要用于管理所创建的电路文件，如打开、保存、打印等，其用法与 Windows 应用程序类似。

（2）Edit（编辑）菜单

编辑菜单主要用于在电路绘制过程中，对电路和元器件进行各种技术性处理，如撤销、恢复、剪切、复制、粘贴、删除、查找等选项，其用法与 Windows 应用程序类似。

（3）View（窗口显示）菜单

窗口显示菜单用于确定仿真界面上显示的内容以及电路图的缩放和元器件的查找。

（4）Place（放置）菜单

放置菜单提供在电路窗口内放置元器件、连接点、总线和文字等命令，其下拉菜单如图 9.7 所示。

（5）Simulate（仿真）菜单

仿真菜单提供电路仿真设置与操作命令，其下拉菜单如图 9.8 所示。

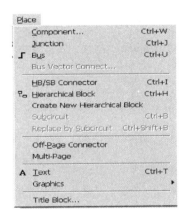

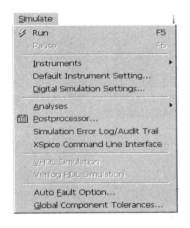

图 9.7　Place（放置）菜单的下拉菜单　　　图 9.8　Simulate（仿真）菜单的下拉菜单

（6）Transfer（文件传输）菜单

文件传输菜单提供仿真结果传递给其他软件处理的命令，其下拉菜单如图 9.9 所示。

（7）Tools（工具）菜单

工具菜单主要用于编辑或管理元器件和元器件库，其下拉菜单如图 9.10 所示。

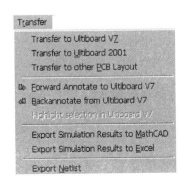

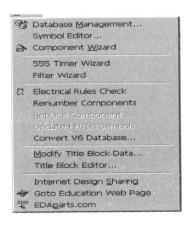

图 9.9　Transfer（文件传输）菜单的下拉菜单　　　图 9.10　Tools（工具）菜单的下拉菜单

（8）Reports（报表）菜单

报表菜单的下拉菜单如图 9.11 所示。

（9）Options（选项）菜单

选项菜单用于定制电路的界面和电路某些功能的设定，其下拉菜单如图 9.12 所示。

图 9.11　Reports（报表）菜单的下拉菜单　　　图 9.12　Options（选项）菜单的下拉菜单

在各个下拉菜单中各项命令的含义，请参阅有关文章，此处不一一说明。

2. 系统工具栏

在 Multisim10.0 的系统工具栏中包括了新建、打开、保存、打印、剪切、复制、粘贴和撤销等功能，Multisim10.0 的系统工具栏如图 9.13 所示。各个工具的图标和使用方法与 Windows 的应用程序类似，此处不加以赘述。

图 9.13　Multisim10.0 的系统工具栏

3. 设计工具栏

Multisim10.0 的设计工具栏是非常重要的核心内容，使用它可进行电路的建立、仿真和分析，并最终输出设计数据等。

Multisim10.0 的设计工具栏如图 9.14 所示。

图 9.14　Multisim10.0 的设计工具栏

在 Multisim10.0 的设计工具栏里，各个图标的名称和作用如下：

（层次项目按钮）：用于显示或隐藏设计工具箱。

（层次电子数据表按钮）：用于显示或隐藏电子表格工具栏。

（数据库管理按钮）：用于开启数据库管理对话框，对元器件进行编辑。

（元件编辑器按钮）：用于调整或增加元器件。

（图形编辑器分析按钮）：在出现的下拉菜单中可选择将要进行的分析方法。

：用于电气规格检查。

--- In Use List --- ：当前所使用的所有元器件的列表。

4. 元器件工具栏

Multisim10.0 的元器件库图标如图 9.15 所示。

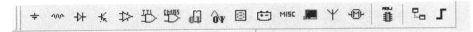

图 9.15　Multisim10.0 的元器件库图标

在 Multisim10.0 的元器件工具栏里，各个图标的名称和作用如下。

：电源和信号源库。它提供了模拟地、数字地、直流电压电流源、交流电压电流源等 29 个系列的信号源。不过，这些都是虚拟信号源，可通过设置对话框对其进行重新设置。这些信号源可以满足电路基础、模拟电路、数字电路及通信技术等课程的实验仿真需要。

：基本元器件库。含有基本虚拟器件、额定虚拟器件、排阻、开关、变压器、非线性变压器、继电器、连接器、插座、电阻器、电容器、电感器、电解电容、可变电容器、可变电感器等基本元件，提供了电阻器、电容器、电感器、电位器、可变电容器、可变电感器、开关、继电器等共 22 种常用的电子元器件。

：二极管库。这里提供了普通二极管、虚拟二极管、稳压二极管、发光二极管、单向晶闸管、双向晶闸管、双向触发二极管、整流桥和变容二极管 9 个二极管系列。

：晶体管库。包括 NPN、PNP 双极型三极管（BJT）、结型场效应管（JFET）和金属氧化物绝缘栅型场效应管（MOSFET）等半导体器件。

：模拟集成电路库。含有虚拟运算放大器、电流差分运放、电压比较器、宽带放大器和特殊功能放大器等 5 种类型模拟器件。

：TTL 元器件库。提供了 74 和 74LS 两个系列的 TTL 集成电路的仿真库，包括了大部分 74 系列型号。

：CMOS 元器件库。将 CMOS 数字集成电路分为 6 大类，包括 40×× 系列和 74HC×× 系列，其中 40×× 系列的电源电压在 3～18V，而 74HC×× 系列的电源电压在 2～6V。

：其他数字元器件库。放置除 74 系列和 40 系列的其他各种数字电路，还含有 51

系列单片机芯片及各种存储器 RAM 和 ROM。

⬛：混合元器件库。混合元器件是指在电路中既有数字电路又有模拟电路的元件。主要包括模数转换器（ADC）、数模转换器（DAC）、555 定时器、单稳态电路、各种模拟开关和锁相环。

⬛：指示器元件库。包括电压表头、电流表头、电压控制器、灯泡、七段数码管、条式指示器和蜂鸣器等 7 类元件。

⬛：杂项元器件库。杂合器件是一些使用较广但又不好分类的元件，主要有石英晶体、熔断器、光电耦合器、三端稳压器、直流马达、真空电子管、开关型降压转换器、开关型升压转换器等。

⬛：RF 射频元器件。Multisim10.0 提供了一些专门用于进行射频分析的元件模型，主要有 RF 电容、RF 电感、RF 三极管、RF 二极管和微带线等 RF 元件。

⬛：机电类元器件库。机电类元件是指一些电工类的开关元件，包括定时开关、瞬时开关、联动开关、线性变压器、线圈及继电器、敏感开关、保护器件、输出器件等 8 类。

⬛：设置层次栏按钮。

⬛：放置总线按钮。

5. 仪表工具栏

仪表工具栏是进行虚拟电子实验和电子仿真设计的最快捷而又形象的特殊窗口，也是 Multisim 10.0 软件最具特色的地方。图 9.16 所示是 Multisim 10.0 的虚拟仪表工具栏图标。

图 9.16　Multisim 10.0 的虚拟仪表工具栏图标

在 Multisim 10.0 的虚拟仪表工具栏里，各个图标的名称和作用如下。

① ⬛：万用表，用于测量电路中的电压、电阻和电流。

虚拟万用表的用法与实际万用表的用法一致。测量电压时，需要将虚拟万用表并联在电路中；测量电流时，需要将虚拟万用表串入到电路中。

双击 ⬛ 图标，会出现图 9.17 所示的万用表界面，上面有电流、电压、电阻和电平四个选项。

比如选择测量电流时，单击万用表面板上的 ⬛ 图标；测量交流电流时，再单击 ⬛ 图标，若测直流电流则选择单击 ⬛ 图标。

同理，测量电压时，单击万用表面板上的 $\boxed{\text{V}}$ 图标，再选择 $\boxed{\sim}$ 图标或者 $\boxed{-}$ 图标，就可以测量交流电压或者直流电压。

在图 9.17 中，指示的是一个测量直流电压的图标及工作界面。

② $\boxed{\ }$：函数信号发生器，用于产生不同频率或幅值的正弦波、三角波或者方波。

单击虚拟函数信号发生器的 $\boxed{\ }$ 图标时，会出现图 9.18 的图标及工作界面，在左图中间的引脚是公共端，一般都接地。使用函数发生器时，若需要输出信号为正极性信号，电路可以接正端和公共端；若需要输出信号为负极性信号，电路可以连接负端和公共端。

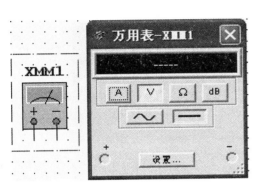

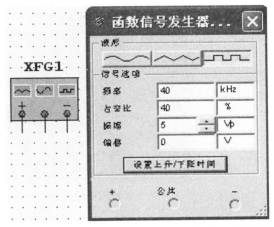

图 9.17　使用虚拟万用表测量直　　　　图 9.18　虚拟函数信号发生器的图标及工作界面
流电压的图标及工作界面

使用虚拟函数信号发生器时，可以根据不同的需要，在右图上选择所需的波形如正弦波、三角波或者方波，还可以进一步在右图上选择所需波形的频率、占空比、幅度的峰值和偏置电压等。

在图 9.18 中，表示此时虚拟函数信号发生器输出的是频率为 40kHz、占空比为 40%、幅值为 5V、偏移为零的方波信号。

③ $\boxed{\ }$：功率表，用于测量电路的功率，直流和交流都可用。

在虚拟功率表的左边部分用于测量电压，与被测电路并联；右边部分用于测量电流，与被测电路串联。此功率表还可以显示电路的功率因数，取值范围为 0～1。

④ $\boxed{\ }$：双通道示波器。虚拟示波器的使用方法同实际示波器的使用方法一样。当对外连接信号时，虚拟示波器可以显示出被测信号的波形，还可以对观察到的波形进行调整。图 9.19 所示是使用虚拟示波器观察函数信号发生器输出正弦波的连接线路图。

图 9.20 所示是在虚拟示波器上观察到的信号波形。

在虚拟示波器的界面上有许多对话框，其意义和实际示波器上的各个按键功能是一样的。比如在 "Scale" 的对话框上可以设置 X 轴的刻度，在 "X position" 的对话框上可以用来调整时间基准值的起始点位置，在 "Y/T" 的对话框上可以选择波形随时间变化的显示方式等。

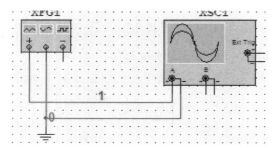

图 9.19 使用虚拟示波器观察函数信号发生器输出正弦波的连接线路图

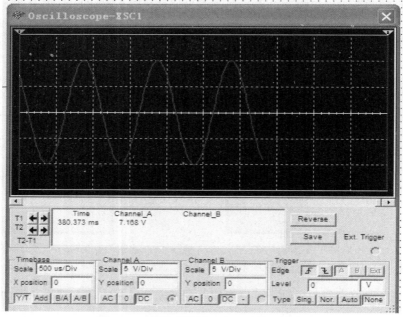

图 9.20 虚拟示波器上出现的信号波形

⑤ ：波特图示仪。虚拟波特图示仪用以测量和显示电路的幅频特性和相频特性。双击 图标，可以出现图 9.21 所示的界面。

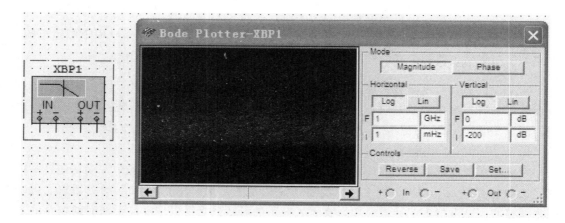

图 9.21 虚拟波特图示仪的图标及工作界面

图 9.21 的左面是虚拟波特图示仪的四个连接端子：两个输入端子（IN）和两个输出端子（OUT）。输入端子接被测电路输入端的正负极，输出端子接被测电路输出端的正负极。

⑥ ▦：字信号发生器。图 9.22 所示是虚拟字信号发生器的界面图。仪器的左边是 0～15 端子，右边是 16～31 端子。这 32 个端子是该仪器的信号输出端，每一个端子可以作为一个数字电路的输入端。

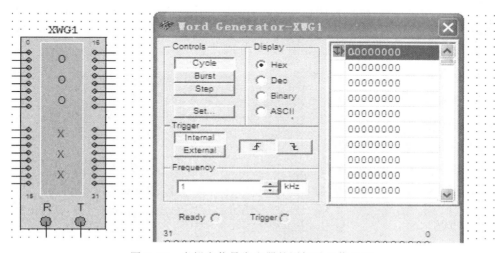

图 9.22　虚拟字信号发生器的图标及工作界面

⑦ ▦：逻辑分析仪。逻辑分析仪通常用于测量电路的逻辑状态和进行时序分析，以便检查数字电路设计的正确性。图 9.23 所示是虚拟逻辑分析仪的图标和工作界面图。

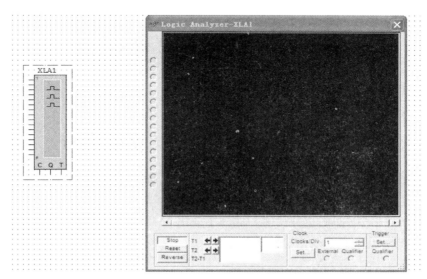

图 9.23　虚拟逻辑分析仪的图标及工作界面

虚拟逻辑分析仪的仪器面板分为上下两个部分，上半部分是显示窗口，下半部分是逻辑分析仪的控制窗口，控制信号有 Stop（停止）、Reset（复位）、Reverse（反相显示）、

Clock（时钟）设置和 Trigger（触发）设置。

它提供了 16 路的逻辑分析仪，其连接端口有 16 路信号输入端、外接时钟端 C、时钟限制 Q 以及触发限制 T。

⑧ ▦：逻辑转换仪。逻辑转换仪是只有在虚拟仪器中才有的仪器，在实际中并没有逻辑转换仪。它的作用是可以实现在逻辑电路图、真值表和逻辑表达式之间进行的转换。

逻辑转换仪有八路信号输入端，一路信号输出端。六种转换功能依次是逻辑电路转换为真值表、真值表转换为逻辑表达式、真值表转换为最简逻辑表达式、逻辑表达式转换为真值表、逻辑表达式转换为逻辑电路、逻辑表达式转换为与非门电路。

逻辑转换仪的图标及工作界面如图 9.24 所示。

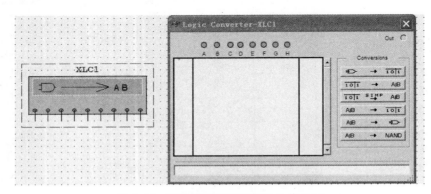

图 9.24　逻辑转换仪的图标及工作界面

在逻辑转换仪的工作界面上，各个图标的名称和作用如下：

▭→101 用于将逻辑电路图转换为真值表。

101→AIB 用于将真值表转换为逻辑表达式。

101 SIMP AIB 用于将真值表转换为最简逻辑表达式。

AIB→101 用于将逻辑表达式转换为真值表。

AIB→▭ 用于将逻辑表达式转换为逻辑电路图。

AIB→NAND 用于将逻辑表达式转换为与非门电路图。

上述仪器在电子测量技术中经常用到，其他仪器的用法也大致相似。

▶ 9.3　使用 Multisim 软件进行电路仿真

使用 Multisim 软件进行电路仿真，展现了使用 Multisim 软件的全部流程，包括文件的建立、保存、设计输入和仿真分析等。

9.3.1　分压式共射极放大电路的仿真

分压式共射极放大电路是模拟电子技术中最为常见的放大电路，使用 Multisim 软件对这个电路进行仿真，可以了解和掌握 Multisim 软件的使用方法和操作步骤。具体操作步骤如下：

1. 新建和保存文件

① 新建文件。启动 Multisim 后进入其工作界面，单击左上方的新建按钮 ，则建立了一个新的电路仿真文件，如图 9.25 所示。

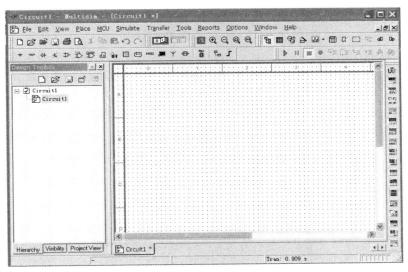

图 9.25　新建的电路仿真文件

② 保存文件。单击左上方的保存按钮 ，则可以弹出图 9.26 所示的对话框。

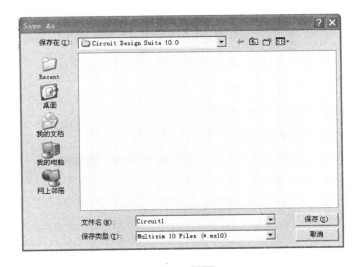

图 9.26　单击保存按钮 后弹出的对话框

通过 对话框，可以设置文件保存位置。通过 对话框，可以改变文件的名称。

2. 设置工作界面

① 回到新建的电路仿真文件，选择菜单栏的 Options（选项）菜单，定制电路的界面和设定电路的某些功能，其下拉菜单如图 9.27 所示。

图 9.27　Options（选项）
菜单的下拉菜单

在图 9.27 中，选择其中的 Global Restrictions 选项，会出现 Preference 对话框，打开 Parts 页，在 Symbol standard 区中含有两套电气元件符号标准，其中的 ANSI 是美国标准，另一个 DIN 是欧洲标准。此处选择 ANSI 标准。

② 再回到新建的电路仿真文件，选择菜单栏的 Options（选项）菜单，选择 Options 中的 Circuit Restrictions 下的 Workplace 页，选中 Show Grid，在电路窗口中则出现图 9.25 所示的栅格。

3. 绘制电路图

（1）放置元器件

首先以放置电阻为例。单击基本元器件库图标 ∿，则可以弹出图 9.28 所示的对话框。

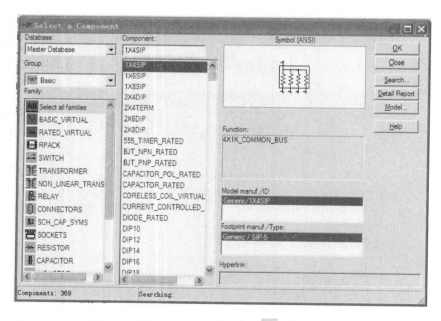

图 9.28　单击基本元器件库图标 ∿ 弹出的对话框

在这个对话框中各个选项的名称和作用如下。

Database：数据库，默认情况下为 Master Database，它是常用的数据库。

Group：所选元件的图标类名称。

Family：所选元器件类所包含的元器件序列名称，也称为分类库。

Component：元器件名称列表。

Symbol：选中元器件符号类型。

Function：元器件的功能说明。

在此单击分类库 Family 中的 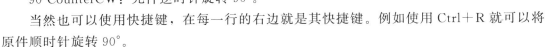，再单击 OK 按钮，然后将鼠标移至电路图的空白处单击，则将电阻元件放置在电路图上。可以用同种方法放置其他三个电阻。

单击分类库 Family 中的电源库 ，选择交流源 AC _ POWER，单击 OK 按钮后，放置在电路图上。用同种方法找到直流电源 VCC、三个电解电容、一个 NPN 型三极管、一个电位器，所有元器件的汇总如图 9.29 所示。

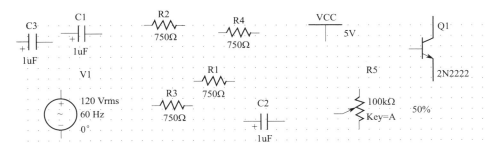

图 9.29　元器件的汇总图

（2）编辑元件

在图 9.29 中，单击哪个元件即选中该元件，再右击即进入该元件的编辑状态，弹出图 9.30 所示的对话框。

在元器件的编辑对话框中，各个选项的名称和作用如下。

Cut：剪切。

Copy：复制。

Paste：粘贴。

Delete：删除。

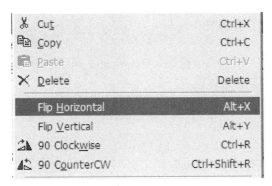

图 9.30　编辑某元件出现的对话框

Flip Horizontal：元件关于 Y 轴对称翻转。

Flip Vertical：元件关于 X 轴对称翻转。

90 Clockwise：元件顺时针旋转 90°。

90 CounterCW：元件逆时针旋转 90°。

当然也可以使用快捷键，在每一行的右边就是其快捷键。例如使用 Ctrl＋R 就可以将原件顺时针旋转 90°。

（3）元件的移动

单击某元件，使该元件进入编辑状态后，按住鼠标左键拖动，则可以移动该元件至电路图的任意位置。

（4）元件之间的连线

将鼠标指针移动到一个元件引脚的附近，当光标变为小十字形光标时单击，将光标移动至另一元件的引脚端点时再单击，则完成了两个元件之间的连线。若想自己决定线路路径，只需在希望的拐点处单击即可。删除连线时可以在该连线处单击，再选择删除即可。

（5）放置仪表

在仪表工具栏中选择示波器，单击鼠标左键，再将鼠标移动至电路图空白处单击，则可以将示波器放置到电路图中。

（6）元件参数的设置

双击某电阻元件，则会弹出图9.31所示的对话框。

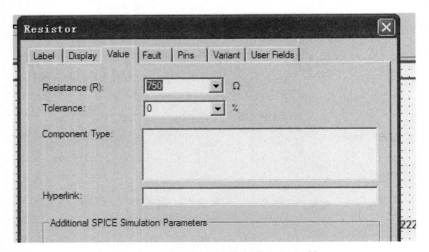

图 9.31　双击某电阻元件后弹出的对话框

在 Value 栏中，Resistance 用于设置电阻的阻值。在 Label 栏中，RefDes 用于设置该电阻的名称。

用同样方法可以设置其他元件。经过设置整理后的分压式共射极放大电路图如图9.32所示。

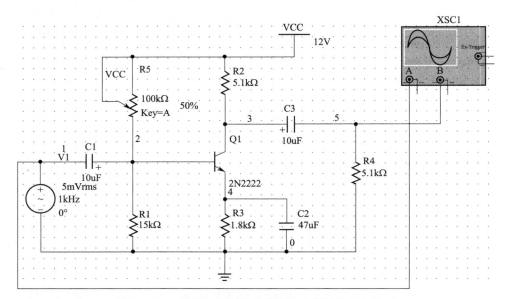

图 9.32　经过设置整理后的分压式共射极放大电路图

需要引起注意的是：在这个电路中只有一个电源 VCC。当需要在电路中放置两个电源 VCC 图标时，若改变其中一个电源值的大小，另一个电源也一定改变。在这种电路图中两条交叉而过的线并不实现电气连接，若想将两者实现电气连接，一定需要添加节点。

4. 仿真

将电路按照图 9.32 连接好后，单击软件上方第二行的仿真按钮 ，则进入仿真状态。双击示波器，可以观察到该电路的输入波形与输出波形如图 9.33 所示。

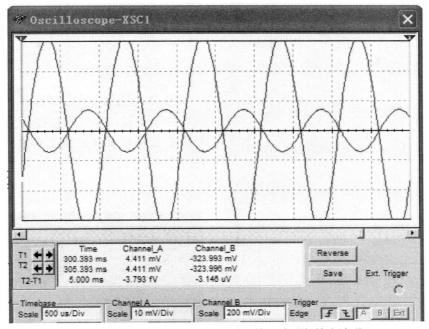

图 9.33　分压式共射极放大电路的输入波形与输出波形

选择合适的 Y 轴刻度，则可以看到该电路的输入/输出波形的关系。显然，该共射极放大电路是将输入信号实现了反相放大。

改变可调电阻 R5 的值，可以看到该电路输出波形有所变化。如果改变输入信号的峰值，可以看到输出波形也会发生变化。

9.3.2 多谐振荡器电路的仿真

集成时基电路 555 是最基本、最常用到的集成电路，它可以构成数字电路最基本的三种电路：单稳态电路、双稳态电路和无稳态电路（无稳态电路又称为多谐振荡器）。

1. 新建和保存文件

单击新建文件图标 。

2. 画电路图

这个方法和画模拟电路的方法一样：

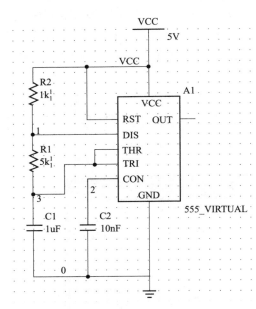

图 9.34 画出多谐振荡器的电路图

① 单击图标 ，从中选择 555_VIRTUAL ，将其放入电路中。

② 单击基本元器件库，从中选择两个电阻和两个电容放入电路中。

③ 按照多谐振荡器的电路图连接各个元器件，得到电路图结果如图 9.34 所示。

3. 连接测量仪器并进行仿真

① 将多谐振荡器电路图中 555 的输出端 3 脚接虚拟示波器。

② 单击仿真开关图标 ，再双击示波器，可以通过拖动其界面的两个基准工具来观测振荡波形的周期。如图 9.35 所示，此处的波形周期为 7.995ms (T_2-T_1)。

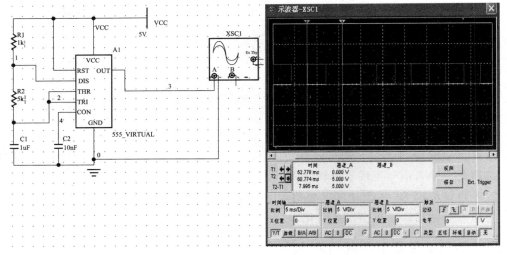

图 9.35 仿真后观测到振荡波形及显示出的周期

③ 改变 R1、R2 或者 C1 的数值，观察输出波形占空比的变化和周期的变化。

9.3.3 二极管闪烁电路的仿真

1. 二极管闪烁电路图

图 9.36 所示是一个二极管闪烁的电路图，要在计算机上用 Multisim 软件将其画出。

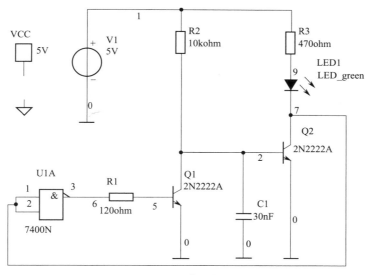

图 9.36　二极管闪烁电路图

2. 新建电路图文件

启动 Multisim 软件，在已经打开的 Multisim 中单击系统工具条中的图标，这时会提示保存当前文档，并新建一个空白文档。

3. 放置元器件及设置元器件参数

在空白文档对元器件进行布局。根据图 9.36 所示元器件的种类和参数，在相应的元器件工具条中取出元器件。

在元器件库里选取三极管 2N2222A，其 $\beta=220$，而本电路图中的三极管 2N2222A 的 $\beta=300$ 才能符合正常的工作情况，这就需要通过修改元器件的参数加以实现。

对各个元器件进行布局，并且根据电路的要求设置各个元器件的参数，如图 9.37 所示。

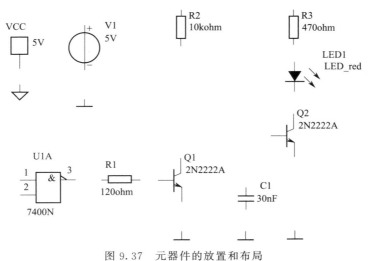

图 9.37　元器件的放置和布局

4. 连接各元器件

在图 9.37 中，U1A 的输入端到 Q2 集电极的连接需要将 U1A 的输入端 1、2 连在一起，再加上一个连接点（可使用 Edit/Place Jcnction 命令完成），否则无法绘制该连线；另外在绘制该线时，应在相应的拐点处单击，否则不能得到图 9.38 所示的效果。

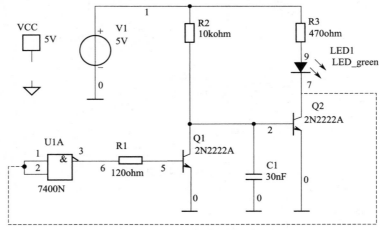

图 9.38　电路的连线绘制

5. 电路仿真

电路图绘制完毕后，按下仿真运行开关按钮 ▮▮ ▮▯ ，可以观察到发光二极管在不停地闪烁，说明该电路绘制正确。

9.3.4　采样保持器电路的仿真

Multisim 软件不仅可用于电子电路的设计和仿真，还可用于自动控制、高频电子、电力电子技术等方面的仿真测量。下面是一个对采样保持器电路的仿真。

① 建立采样保持器电路电路图。采样保持器电路的电路如图 9.39 所示，其中信号源为正弦波信号源，采样频率控制信号采用方波信号源和受控开关（电压控制开关）。

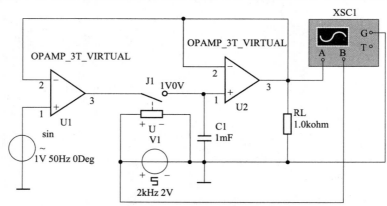

图 9.39　采样保持器电路图

② 使用虚拟示波器对采样保持器电路的输出波形进行观测。具体操作步骤如下：

　　a. 将正弦波信号源 Sin 设置为 1V/50Hz/0Deg。

　　b. 方波信号源 V1 设置为 2V/2kHz，占空比为 5％。

　　c. 电压控制开关 J1 设置门限电压分别为 1V 和 0V。

③ 电路仿真。电路仿真过程如下：

　　a. 按下仿真运行开关按钮 ⏸ 🔲 。

　　b. 观察波形。

仿真后，可得到采样保持器电路的输出波形如图 9.40 所示。通过调节方波的频率（占空比为 5％不改变）来改变采样频率，从而可验证香农采样定理。

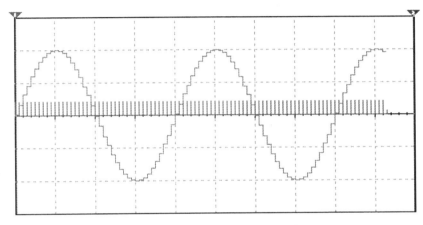

图 9.40　采样保持器电路的输出波形

▶ 9.4　逻辑转换仪

　　Multisim 软件为用户提供了一台在实际仪器中没有的仪器——逻辑转换仪。下面专门对逻辑转换仪的用途和使用方法加以介绍。

9.4.1　逻辑转换仪的含义

　　逻辑转换仪是 Multisim 特有的虚拟仪器设备，在实验室中并不存在这样的实际仪器。逻辑转换仪的主要用途是能完成在以往需要人工计算才能完成的任务，这就是在进行数字电路设计时，经常要进行的真值表、逻辑表达式和逻辑电路三者之间的相互转换，而且转换非常方便、快捷和准确，节省了大量的人工物力。

　　在 Multisim 软件中，逻辑转换仪的图标如图 9.41 所示。逻辑转换仪有八个输入端和一个输出端。八个输入端分别对应于逻辑函数的八个变量，是可以根据实际情况加以选择的量。

　　图 9.42 所示是逻辑转换仪的面板图。

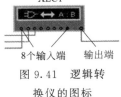

图 9.41　逻辑转换仪的图标

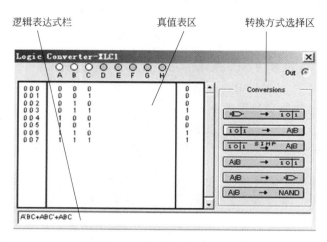

图 9.42　逻辑转换仪的面板图

9.4.2　逻辑转换仪的功能

使用逻辑转换仪时，首先在 Multisim 软件中新建一个文件（单击新建文件图标

），然后在新建文件的仪表工具栏中找到逻辑转换仪（逻辑转换仪的英文字母是
Logic Converter）。再接下来，就可以进行真值表、逻辑表达式和逻辑电路图三者之间
的相互转换了。图 9.43 所示是逻辑转换仪面板上各种转换方式的功能键按钮。

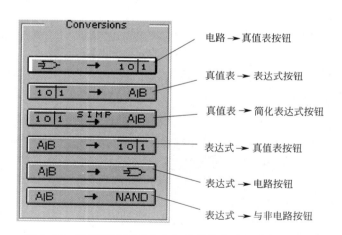

图 9.43　逻辑转换仪面板上各种转换方式的功能键按钮

1. 由逻辑电路图转换为真值表

首先要画出逻辑电路图，然后将逻辑电路图的输入端接至逻辑转换仪的输入端，最后
将逻辑电路图的输出端接至逻辑转换仪的输出端。按下"电路→真值表"按钮，在真值表
区就会出现该电路的真值表。逻辑转换仪将逻辑电路图转换为真值表的连线图和转换结果
如图 9.44 所示。

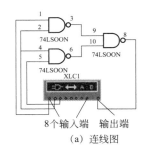

（a）连线图

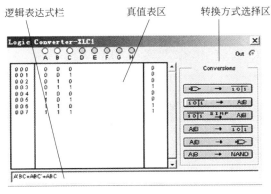

（b）转换结果

图 9.44 逻辑转换仪将逻辑电路图转换为真值表的连线图和转换结果

2. 由真值表转化为逻辑表达式

首先根据输入信号变量的个数，单击逻辑转换仪顶部代表输入端的小圆圈（由 A 至 H），选定输入信号，此时在真值表区将自动出现输入变量的所有组合，而在真值表区右面的输出列的初始值全部为"?"。

然后根据所要求的逻辑关系确定真值表的输出值（0、1 或 x），方法是多次单击真值表输出列中的输出值。

最后单击图标 ，就可以生成一个最简的逻辑函数表达式，如图 9.45 所示。

图 9.45 由真值表生成一个最简的逻辑函数表达式

3. 由逻辑表达式转化为真值表

单击 A 则会出现一个变量的两个状态，即 0 和 1 两个状态。若再单击通道，则出现两个变量 A、B 的组合方式：00、01、10、11，在其右侧则对应有其输出的真值，单击 "?"，则其真值可以在 0、1 和 x 之间相互转换，这样就构成了一个真值表。同理再点击 C，就会生成一个三变量的真值表，如图 9.46 所示。

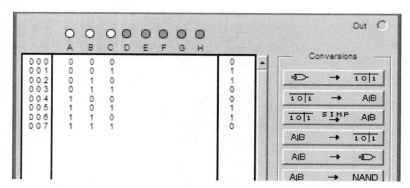

图 9.46　生成一个三变量的真值表

如果在表达式的对话框中输入表达式：AB＋BC＋AC，则在单击图标 **AIB → 10ī** 后，可以生成与这个逻辑函数表达式相对应的真值表，如图 9.47 所示。

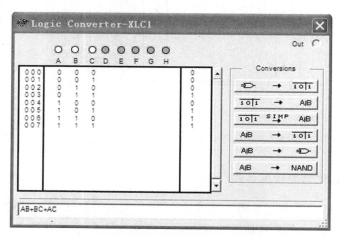

图 9.47　生成与逻辑函数表达式相对应的真值表

但是特别要注意，如果是逻辑"非"，例如 $\overline{A}$ 应写成 A′；或非式应转换成非与式，例如 $\overline{A+B}$ 应先转换为 $\overline{A}\,\overline{B}$，再写成 A′B′ 输入。最后按下"表达式→电路"按钮，才可得到相应的逻辑电路。

4. 由逻辑表达式转化为与非逻辑电路

先输入逻辑表达式（注意遵守上述规则），再按下"表达式→与非电路"按钮，即可得到由与非门构成的逻辑电路。

单击图标 **10ī → AIB**，就可以生成一个与或逻辑表达式，如图 9.48 下方所示。

最后单击图标 **AIB → ⊃**，就可以生成一个与这个最简逻辑函数表达式相对应的最简逻辑电路图，如图 9.49 所示。

如果单击图标 **AIB → NAND**，就可以生成一个与这个最简逻辑函数表达式相对应的与非门逻辑电路，如图 9.50 所示。

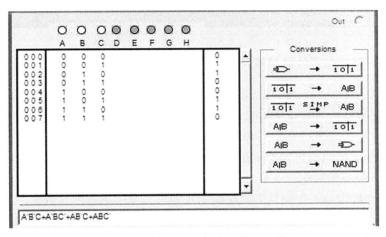

图 9.48　生成一个与或逻辑表达式

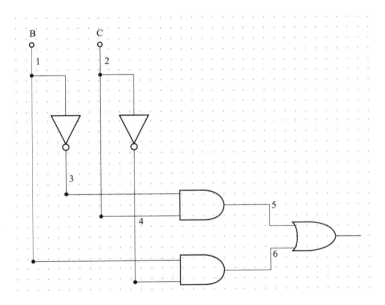

图 9.49　生成一个最简逻辑电路图

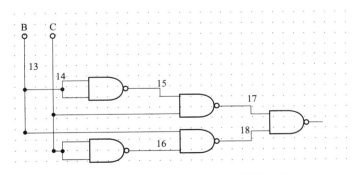

图 9.50　生成一个最简的与非门逻辑电路

同理也可以用与门和或门搭建简单的逻辑电路，将逻辑电路的输入端接到逻辑转换仪的输入端，将逻辑电路的输出端接到逻辑转换仪的输出端，从而可以得到与这个逻辑电路相对应的真值表和逻辑函数表达式。

5. 使用逻辑转换仪设计逻辑电路

逻辑转换仪不但可以实现真值表、逻辑表达式和逻辑电路图三者之间的相互转换，而且还可以使用逻辑转换仪设计逻辑电路。

比如要设计一个逻辑电路，其功能是能判断输入的 8421BCD 码其值大于 5。在 Multisim10.0 环境下，使用逻辑转换仪使逻辑电路的设计过程变得十分简单。

可以按照下列步骤操作：

① 设输入变量为 A、B、C、D，根据题意列出表 9.1 所示的真值表。

在 Multisim10.0 的电路窗口双击逻辑转换仪图标，在逻辑转换仪面板上的输入端部分选中 A、B、C、D，这时真值表中列出了一个 16 行的真值表，但其输出的状态全部显示为"?"。

根据表 9.1 所示的真值表，在逻辑转换仪面板中真值表的对应行输出状态处单击，可以看到其显示状态在 0、1、x 三种状态之间切换，将面板中的真值表设置成与表 9.1 一致的输出状态。

表 9.1 判断 8421BCD 码大于 5 的真值表

序号	输　　　入				输出
	A	B	C	D	
0	0	0	0	0	0
1	0	0	0	1	0
2	0	0	1	0	0
3	0	0	1	1	0
4	0	1	0	0	0
5	0	1	0	1	0
6	0	1	1	0	1
7	0	1	1	1	1
8	1	0	0	0	1
9	1	0	0	1	1
10	1	0	1	0	非
11	1	0	1	1	8421
12	1	1	0	0	BCD
13	1	1	0	1	码
14	1	1	1	0	（无意义）
15	1	1	1	1	

② 由真值表得到化简的最小项表达式。单击逻辑转换仪面板上的 `101 → AIB` 或 `101 SIMP AIB` 按钮，可以得到化简的最小项表达式（低电平有效）。

③ 由最小项表达式得到逻辑电路。

单击 `AIB → ⊃` 或 `AIB → NAND` 按钮，可以得到用与非门构成的逻辑电路图（低电平有效），用户可以根据实际需要进行选择。图 9.51 所示为该设计的结果图。

由上所叙通过逻辑转换仪设计逻辑电路既简单又实用，而且得到的电路图是绝对的准确。

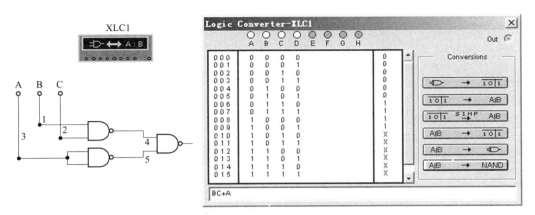

图 9.51　用逻辑转换仪设计逻辑电路（能判断输入的 8421BCD 码其值大于 5）

参　考　文　献

［1］ 林占江 . 电子测量技术 . 北京：电子工业出版社，2012.
［2］ 刘国林 . 电子测量 . 北京：机械工业出版社，2014.
［3］ 李明生 . 电子测量仪器 . 北京：电子工业出版社，2011.
［4］ 张永瑞 . 电子测量技术基础 . 北京：电子工业出版社，2013.
［5］ 万国庆 . 电子测量教程 . 北京：电子工业出版社，2014.
［6］ 陈尚松 . 电子测量与仪器 . 北京：电子工业出版社，2014.
［7］ 肖晓萍 . 电子测量实训教程 . 北京：电子工业出版社，2015.
［8］ 文国电 . 电子测量技术 . 北京：机械工业出版社，2015.